好奇心书系
·野外识别手册·

"十三五"国家重点出版物出版规划项目

常见鸟类
野外识别手册
（第2版）

郭冬生 主编

重庆大学出版社

图书在版编目（CIP）数据

常见鸟类野外识别手册/郭冬生主编. －－2版.－重庆：
重庆大学出版社，2020.12（2021.5重印）
（好奇心书系·野外识别手册）
ISBN 978－7－5689－2541－9

Ⅰ.①常… Ⅱ.①郭… Ⅲ.①野生动物—鸟类—识
别—中国—手册 Ⅳ.①Q959.708－62

中国版本图书馆CIP数据核字（2020）第268464号

常见鸟类野外识别手册
（第2版）

郭冬生 主编

策划：鹿角文化工作室

责任编辑：梁 涛 王晓蓉 版式设计：周 娟 刘 玲 贺 莹
责任校对：关德强 责任印制：赵 晟

*

重庆大学出版社出版发行
出版人：饶帮华
社址：重庆市沙坪坝区大学城西路21号
邮编：401331
电话：(023) 88617190 88617185（中小学）
传真：(023) 88617186 88617166
网址：http://www.cqup.com.cn
邮箱：fxk@cqup.com.cn（营销中心）
全国新华书店经销
重庆长虹印务有限公司印刷

*

开本：787mm×1092mm 1/32 印张：9.875 字数：298千
2020年12月第2版 2021年5月第14次印刷
ISBN 978－7－5689－2541－9 定价：58.00元

第 2 版序

　　现在人们更愿意踏入新领域，做我喜欢、我适合、我擅长的事。以孜孜搜讨盐打哪儿咸、醋打哪儿酸，追求从平凡中见精彩，欲罢不能。

　　崇尚自然，必见山川崖谷，会鸟兽鱼虫，抚草木花实，望日月星辰，遇风火雷电，着云雾雨霜。地理移动，环境变换，季节交替，从水乡到荒漠，从滨海到雪域，从满地落英到芦黄草枯，到处都有我们心之所属的鸟类，定在敬仰之列。如果大自然是舞台，本书是节目单，书中的鸟类是演员，那么锁定好你的演员，视线从书中移到户外场景，大幕拉开，你得举起望远镜观看。

　　时间：不知何年，不知何日。风晨雨夕，月白风清，自春而夏，经秋至冬。

　　地点：潮汐海滨，红树岸边，湖畔沙洲，溪流库坝，沃野平原，起伏丘陵，密林高山，风紧戈壁。

　　人物：晨鸟、割谷鸟、钓鱼翁、高足鸟、出头鸟、折翅鸟、出笼鸟、迷途鸟、孤鸟、倦鸟、归鸟……（多鸟种，多角色转换，无法给出书中确切名称，自己看后备注）

　　形体色相，千差万别，各美其美，常看常新。这个领域一定得踏足。

　　本书第 2 版的推出，依据郑光美《中国鸟类分类与分布名录（第三版）》，在目和科及编排上与前版相比都有所变化。虽说常见，但对于不同地区、不同季节、不同人，遇见鸟类多寡也会不一样。本书尽量采用种群量大的物种，但也只是众多鸟种中的一鳞半爪，挂一漏万。承蒙各位好友的鼎力支持，在此一并致谢。

　　由于学识所限，错误难免，敬请读者见谅和指正。

郭冬生

2020 年 6 月于北师大

编写说明

1. 本书鸟类分类系统和名称主要依据《中国鸟类分类与分布名录（第三版）》（郑光美，2017）。

2. 由于识别鸟类免不了要涉及一些外部形态专业术语，因此采用《中国鸟类系统检索（第三版）》（郑作新，2002）里面的文字解释，并且稍有调整，同时增加一些图示说明。

3. 本书分科排列，每种鸟类注有中文名、英文名和拉丁文学名。受篇幅的影响，主要以雄鸟为主，对于雌雄鸟差异大的鸟类，适当增加雌鸟图片。

4. 每种鸟类配以简洁的鉴别信息，主要突出野外识别特征。对于图片中非常明显的特点，文字中有可能不再描述，只包含鸟的大小、行为、栖地和分布等描述，提供的分布多以大的区域来表示，如东北、西南等。

5. 简单介绍了野外识别鸟类的装备及注意事项。

目 录 CONTENTS

BIRDS

入门知识

Introduction

· 鸟类入门知识 ·

在现代鸟类分类中，最有用的是基于每种鸟类在进化树上相互关系远近的分类系统。每只鸟都属于一个特定种，种是分类的基本单元。一个种或许多相似的种又归于一个属，以此类推，包括种、属、科、目、纲。全世界有近万种鸟，我国有 1 445 种左右，本书收录了常见的鸟类 463 种，分属 22 目 85 科。

由于本书追求的是快速、缩小范围、准确地鉴别鸟类，因此将鸟类按生态类型分成六个类群，分别是游禽、涉禽、猛禽、陆禽、攀禽和鸣禽。

（一）游禽

雁形目的鸭科、鹲䴙目的鹲䴙科、鸻形目的鸥科、鲣鸟目的鸬鹚科等鸟类。这类鸟种大多喙宽而扁平，脚短，趾间有蹼，尾脂腺发达。喜欢栖息在水域环境中，善于游泳、潜水和在水中捕食鱼、虾、贝或水生植物和种子等，常在水中或近水处营巢。例如雁类、鸭类、鹲䴙、鸥类、鸬鹚等。

（二）涉禽

鸻形目的鸻科、鹤形目的鹤科、鹳形目的鹳科、鹈形目的鹭科等鸟类。这类鸟种喙长而直，颈、腿和趾都长，即喙、颈、腿"三长"。喜欢生活在水边，适合在浅水中涉行，捕食鱼、虾、贝和水生昆虫等。例如鸻、鹬、鹤、鹳、鹭等。

（三）猛禽

鹰形目、鸮形目和隼形目等鸟类。这类鸟种体型一般较大，很多种类雌性体型大于雄性，喙强大呈钩状，翼宽大善于翱翔，或者细长利于快速飞行，脚强大有力，趾有锐利的钩爪，性凶猛，捕食其他鸟类或鼠、兔、蛇。例如鹫、雕、鹰、鵟、鸮、隼等。

（四）陆禽

鸡形目、沙鸡目等鸟类。这类鸟种喙弓形坚实粗壮，善啄，翅短圆，腿粗壮。多在地面活动，善奔走，以植物种子为食。例如环颈雉、沙鸡等。

（五）攀禽

夜鹰目、鹦鹉目、啄木鸟目等鸟类。这类鸟种比较繁杂，大多不善于长距离飞行，脚短健，尾可以是除双脚外的第三个支点，善于攀木。主要在树干上取食昆虫或果实，栖息环境和林木分不开。例如鹦鹉、啄木鸟。

（六）鸣禽

雀形目鸟类。这类鸟种数量最多，几乎占现有鸟类的一半以上，三趾向前，一趾向后，常具鲜艳的羽毛，体态轻盈，活动灵巧迅速，大多善于鸣转。从树叶和树干取食昆虫，巧于筑巢。例如卷尾、伯劳、喜鹊、山雀、燕、鹨、绣眼、鹛、麻雀等。

· 鸟类学术语 ·

（一）头部

1. 喙（鸟嘴）：分上喙和下喙两部分，也称上嘴和下嘴。

2. 额（前头）：头的最前部，与上嘴基部相连。

3. 头顶：额后，头的正中部分。

4. 枕（后头）：头顶之后、上颈之前部分。

5. 眼先：嘴角之后、眼睛之前区域。

6. 眼圈：眼的周缘，形为圈状。

7. 耳羽：耳孔的羽毛，在眼睛之后。

8. 颊：眼的下方、喉的上方、下嘴基部的上后方。

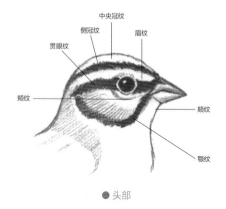

中央冠纹

侧冠纹

眉纹

贯眼纹

颊纹

颧纹

颚纹

● 头部

9. 颏：下嘴基的后下方、喉的前方。

10. 喉：头的下方，前接颏。

11. 中央冠纹（顶纹）：头的正中处，自前向后的纵纹。

12. 侧冠纹：头顶两侧的纵纹。

13. 眉纹（眼斑）：眼上方的斑纹，长的为眉纹，短的为眉斑。

14. 贯眼纹（过眼纹）：自嘴基、前头或眼先，过眼而至眼后的纵纹。

15. 颊纹（颧纹）：自前而后，过颊的纵纹。

16. 颚纹：从下嘴基部向后延伸，介于颊和喉之间的纵纹。

17. 颏纹：过于颏部中央的纵纹。

（二）颈部

1. 后颈：上颈和下颈组成。

2. 上颈（颈项）：后颈的前部，与头相连。

3. 下颈：上颈的后部，与背部相连。

4. 颈侧：颈的侧面。

5. 前颈：喉的下面、胸的前面。

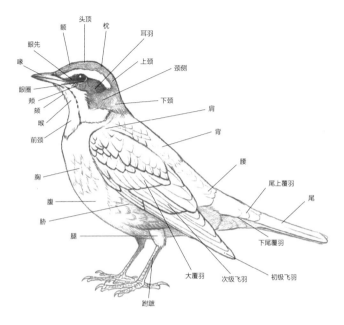

● 鸟类的外形

（三）躯干部

1. 背：下颈之后、腰部之前。

2. 肩：背两侧，两翅的基部。

3. 腰：前为背，后接尾上覆羽。

4. 肋：腰的两侧，近下方。

5. 胸：躯干下方，前接前颈，后接腹部。

6. 腹：躯干下方，前接胸部，后接尾下覆羽。

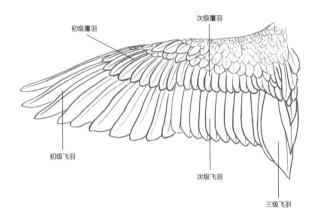

初级覆羽

次级覆羽

初级飞羽

次级飞羽

三级飞羽

● 翅飞羽背观

● 翅飞羽腹面

（四）羽毛

1. 初级飞羽：此列飞羽最长，有 9 ～ 10 根，均附着于掌指和指骨。在翼的外侧者称外侧初级飞羽，在内侧者称内侧初级飞羽。

2. 次级飞羽：位于初级飞羽之次，较短，均附着于尺骨。依其位置的先后，也有外侧和内侧的区别。

3. 三级飞羽：飞羽中最后的一列，附着于尺骨，实应称为最内侧次级飞羽。

4. 初级覆羽：位于初级飞羽的基部。

5. 次级覆羽：位于次级飞羽的基部。

6. 横斑：与羽轴垂直的斑块。

7. 端斑：位于羽毛末端的斑块。

8. 次端斑：紧邻端斑内侧的斑块。

9. 翼镜：鸭科鸟类次级飞羽闪光泽的外羽片连成一个斑块。

· 如何观察和识别鸟类 ·

拿到本书，你的第一个想法也许就是赶快到户外，在群飞的鸟中找出书中所介绍的鸟，急于从一个初学者变成一个有经验的观鸟者。然而，鸟类种类繁多，怎样快速鉴别鸟类呢？学习鉴别鸟类，就如同你到一个新的地方认识周围的人一样，区别他们的方法就是记住他们每一个人的性别、脸、发饰、穿戴、习惯动作等，如果你对每个人的特征都熟稔于心，即便在一定距离之外，你也能很快区别他们。

最初阶段，你可以很快认出你曾经熟悉的鸟类，但更多鸟类却是陌生的，这时，你就要注意一些相似特征上的细微差别，根据外形、各部分的比例、羽色、姿态行为和栖息环境等特点仔细分辨。后文将对鸟类各种形态、行为等方面加以介绍。在野外观察中，要综合考虑多种因素，才能准确鉴定出不同鸟类物种。

· 鸟类识别要点 ·

（一）形状与体长

人们对鸟类的外貌的第一印象就是大体形状，然而鸟类在形状上精细的差别常常才是野外鉴别最重要的环节。同一类群的鸟类有相同的外形和比例，却有不同的大小。例如，喜鹊身体圆润，而灰喜鹊瘦小；丰满像只椋鸟，苗条像只杜鹃；夜鹭体型敦实，而苍鹭身材修长。将鸟的外部轮廓作为剪影，以特定的头、翅、尾比例作为线索，能帮助你找到相应的类群。

鸟类的体长是指从喙尖到尾末的长度，这个长度来自博物馆标本的测量，所以它要比自然状态下鸟的"体长"要长。在野外，人们很难断定鸟类确切的体长，大部分人在估计远处鸟类的大小时，试着参考环境目标估测，以熟悉的

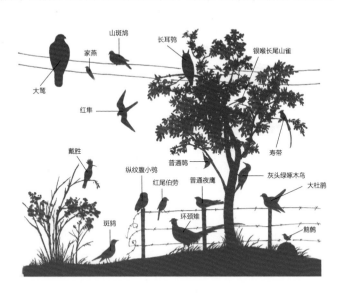

鸟类为标准比较，找到相应的类群。

1. 像柳莺体型大小的鸟：树莺、苇莺、太阳鸟、绣眼鸟、戴菊、鹟莺等。

2. 像麻雀体型大小的鸟：鹀、鹨、文鸟、山雀、金翅等。

3. 像八哥体型大小的鸟：黄鹂、椋鸟、鸫等。

4. 像鸽子体型大小的鸟：岩鸽、斑鸠、杜鹃等。

5. 像喜鹊体型大小的鸟：灰喜鹊、红嘴蓝鹊、乌鸦、松鸦、寒鸦等。

6. 像环颈雉体型大小的鸟：石鸡、白鹇、角雉等。

7. 像鸭类体型大小的鸟：鸬鹚、雁等。

8. 像鹤体型大小的鸟：鹳等。

9. 像鹬体型大小的鸟：麦鸡等。

10. 像鹰体型大小的鸟：隼、雀鹰、鸢、鸥等。

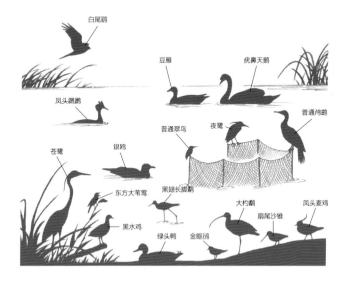

但是，只考虑形状和大小也会造成误判。一定距离之外，晨昏低光照、雾天、雨天的条件下，大小更难判断。鸟类有时也会改变它的外形，气温低时蓬松的羽毛利于保暖，冷天比热天外形大；刚出窝的小鸟比亲鸟大；有些鸟类雌性与雄性的外形也有差异，如鸡形目中雄性比雌性体型大、猛禽中雌性比雄性体型大。

（二）姿态

停栖时鸟类的身体姿态不同，也是鉴别的特征之一。如猛禽类和杜鹃类的外形和颜色相似，但猛禽类在树上挺胸直立，而杜鹃类身体水平。鹪鹩会仰头翘尾，高抬的尾羽与身体呈直角。游禽在水面浮游时，尾部有的露出水面很高，有的低平，有的则没入水中。

● 杜鹃

● 鹰

● 鹪鹩

（三）飞行类型

鸟类飞行的起落特点、扇翅频率、飞行轨迹、滑行时翅的伸展状态，也有助于识别鸟类。

● 啄木鸟

● 鹡鸰

● 乌鸦

大波浪行进，先用力压翅，身体向斜上方前进，收翅时如抛物线般下降，远观就像在一窜一窜地加力前进，如啄木鸟。

小波浪行进，幅度比较低，如鹡鸰、鹨。

直线行进，一刻也不停止扇翅，如麻雀、乌鸦；翅膀扇动一会儿停止一会儿，不断反复，如鸽子、白头鹎。

●大鵟

空中盘旋、长时间滑翔，飞行时利用上升气流，张开翅膀，就像画圆一样，一圈一圈地螺旋上升，如大鵟。

空中定点振翅、悬停，如鱼狗、红隼。

垂直起飞与降落，如百灵、云雀。

●红隼　　　　　　●云雀

● 天鹅

● 鹟

● 鸢

● 秃鹫

列队飞行，排成"一"字、"人"字或"V"字队形，如鹭、鸬鹚、雁、天鹅、鹤。

空中兜圈返回树枝，如鹟、鹟、扇尾莺。

飞行时翅膀伸展成深"V"形，如白尾鹞；平"V"形，如秃鹫。

（四）头

头部术语中已经涵盖，脸部是否有眉斑、眼圈、过眼纹、中央冠纹、横斑、冠羽，都是鉴别的重要因素。

（五）喙

鸟类的喙型多种多样，与取食不同的食物密切相关。

1. 喙尖细：小而锐利，易于啄食，如黄腰柳莺。

2. 喙长而笔直（小型）：强直而端尖，适于刺啄水中鱼类，如普通翠鸟；方便将昆虫从树干中取出，如啄木鸟。

3. 喙长而笔直（中型）：如冠鱼狗。

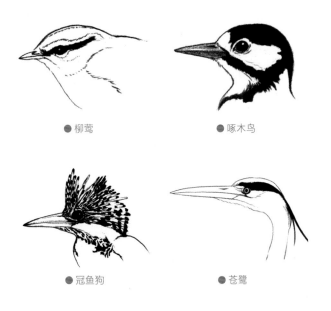

● 柳莺　　　　　　　　● 啄木鸟

● 冠鱼狗　　　　　　　● 苍鹭

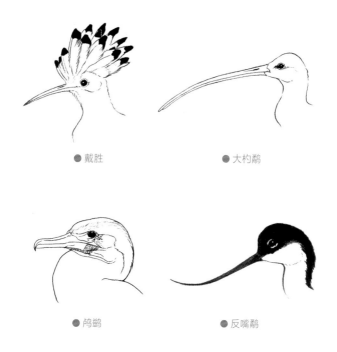

● 戴胜　　　　　　● 大杓鹬

● 鸬鹚　　　　　　● 反嘴鹬

　　4. 喙长而笔直（大型）：剑形，如苍鹭。

　　5. 喙长而下弯（中型）：如戴胜。

　　6. 喙长而下弯（大型）：长喙插入泥沙的洞穴中探寻贝类、螃蟹和沙蚕等，如大杓鹬。

　　7. 喙长而仅最前端下弯（大型）：喙端钩曲，便于钩截游鱼，如鸬鹚。

　　8. 喙长而上弯：喙在水表面像镰刀一样左右摇摆过滤水中食物，如反嘴鹬。

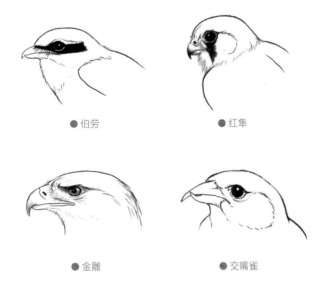

●伯劳　　　　　　　　　　　●红隼

●金雕　　　　　　　　　　　●交嘴雀

9. 上喙向下钩曲（小型）：喙形尖锐而钩曲，便于撕裂肉质猎物，如红尾伯劳。

10. 上喙向下钩曲（中型）：如红隼。

11. 上喙向下钩曲（大型）：如金雕、秃鹫。

12. 上下喙交叉钩曲：上下喙的尖端左右交叉，不能密合，非常适宜采集松子并打开果实外壳，如交嘴雀。

13. 喙短而基部宽（小型）：扁平宽阔，飞时张开，拦截面积大，易于捕食空中蚊虫，如家燕。

14. 喙短而基部宽（中型）：如普通夜鹰。

15. 喙圆锥型：喙短而壮，易于嗑食种子的外壳和硬的坚果，大的如锡嘴雀，小的如麻雀。

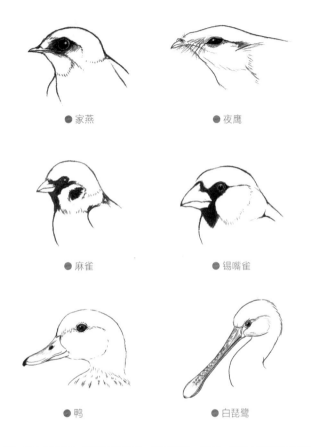

● 家燕　　　　　　● 夜鹰

● 麻雀　　　　　　● 锡嘴雀

● 鸭　　　　　　　● 白琵鹭

16. 喙上下扁平：侧缘具有缺刻，形成栉状，滤水，搜集小的无脊椎动物和水生植物，如绿头鸭、大天鹅。

17. 喙长而扁平端膨大：形为匙形，在水表面探寻猎物，如白琵鹭。

（六）翼

1. **尖翼**：最外侧飞羽最长，其内侧数枚突形短缩，形成尖形翼端。

2. **圆翼**：最外侧飞羽较其内侧短，形成圆形翼端。

3. **方翼**：最外侧飞羽与其内侧数羽几乎等长，形成方形翼端。

● 尖翼

● 圆翼

● 方翼

（七）尾

1. 平尾：各枚尾羽在尾部末端表现齐整，如鹭。

2. 圆尾：中央尾羽最长，依次往外尾羽适当缩短，尾部末端呈弧形，如八哥。

● 平尾

● 圆尾

3. 凸尾：中央尾羽最长，依次往外尾羽显著缩短，每枚尾羽末端不呈尖形，尾部末端呈凸形，如伯劳。

4. 楔尾：中央尾羽最长，依次往外尾羽显著缩短，每枚尾羽末端呈尖形，尾部末端呈凸形，如大斑啄木鸟。

● 凸尾

● 楔尾

5. 尖尾：两枚尾羽末端延长，超过其他尾羽，如蜂虎。

6. 凹尾：中央尾羽最短，依次往外尾羽适当延长，尾部末端中央呈凹形，如沙燕。

● 尖尾

● 凹尾

7. 叉尾：中央尾羽最短，依次往外尾羽显著延长，尾部末端中央呈叉形，如卷尾、燕。

8. 铗尾：中央尾羽最短，依次往外尾羽极显著延长，最外侧两枚尾羽末端变尖，尾呈铗形，如燕鸥。

● 叉尾

● 铗尾

（八）足

受野外环境和鸟类习性限制，足和腿在野外不易分辨，特别是水禽类。

1. 离趾型：三趾向前，一趾向后，如麻雀、鹰。

2. 对趾型：第二、三趾向前，第一、四趾向后，适合在树干攀援活动，如啄木鸟。

3. 并趾型：三趾向前，一趾向后，但向前三趾的基部并合，如翠鸟。

游禽蹼足类型：

1. 满蹼足：前趾间有蹼相连，易于游泳时划水，如鸭类。

2. 全蹼足：前三趾与后趾间有蹼相连，如鸬鹚。

3. 凹蹼足：前趾间有蹼相连，但蹼膜有凹入，如鸥。

4. 半蹼足：前趾间有蹼退化，仅存趾基部，易于涉水，如鹬。

5. 瓣蹼足：趾的两侧附有叶状膜，易于行走和游泳，如小䴙䴘。

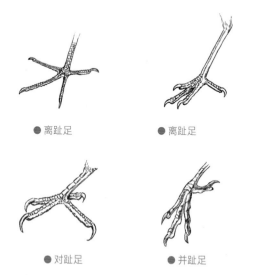

●离趾足   ●离趾足

●对趾足   ●并趾足

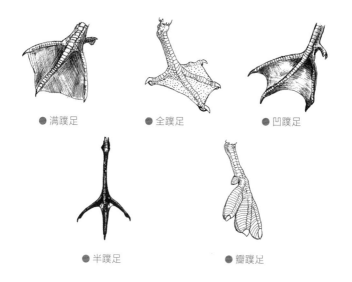

● 满蹼足　　　● 全蹼足　　　● 凹蹼足

● 半蹼足　　　　　● 瓣蹼足

（九）羽色与斑纹

一般鸟类最易区别的，莫过于它的羽毛。在一群鸟中，大多数人首先注意到鸟类羽毛的颜色。独特的鸟类羽毛颜色并不多，大多数都是相似的，如鹬。因此，在隔有河岸、沼泽等远距离下还要以斑纹加以识别，关注微小的细节进行比较，比如野外鸟类正常活动的体斑，包括翅膀、胸、腹、腰、尾。

腹或胸是否有横斑、纵斑或斑点。体背与翼上，体背是否有斑纹，翼是否有翼带。腰与尾，腰部呈何种颜色，尾羽是否有明显的斑纹，飞行时翼上是否有白色翼带或白斑，翼与背的颜色对比是否明显。停栖时，斑纹、翅镜是野外识别最有效的指标。本书真实地记录了鸟类羽毛的这些容貌特征，运用这些特征，可以帮助人们在野外比对各种鸟类。

1. 全黑色：如鸬鹚、黑水鸡、骨顶鸡、黑卷尾、乌鸫、八哥、小嘴乌鸦等。

2. 全白色：如白琵鹭、大白鹭、白鹭、中白鹭、天鹅等。

3. 黑白两色：如喜鹊、白鹡鸰、鹊鸲、凤头潜鸭、反嘴鹬等。

4. 灰色为主：如岩鸽、普通鸳等。

5. 灰白两色：如夜鹭、白胸苦恶鸟、红嘴鸥、苍鹭等。

6. 蓝色为主：如紫啸鸫、蓝翡翠、红嘴蓝鹊、蓝歌鸲等。

7. 绿色为主：如灰头绿啄木鸟、柳莺等。

8. 褐色（棕色）为主：如云雀、画眉、鸫、麻雀等。

9. 黄色为主：如黄鹂、黄鹡鸰、金翅等。

10. 红色（棕红）为主：如朱雀、红交嘴雀、红隼、棕背伯劳等。

（十）鸣叫

鸟类行为神秘，大多胆怯怕人，常隐蔽在枝叶茂密的树上或稠密的草丛中，往往只闻其声，不见其身。所以，在密闭森林里不易看到鸟，大部分时间是在用耳听鸟。通过鸟的鸣唱或叫声，可以知道它的大致位置。只要你用心、用时间，就会知它在周围注视你。

鸟类的鸣声有很多特点，是辨别种类的重要方法之一。每个种有自己的鸣声，特别是鸣禽类在繁殖时期，起到鸟类在吸引异性、驱除对手、宣布领地等作用。

1. 粗厉嘶哑：叫声单调、嘈杂、刺耳，如乌鸦的"啊"声，雉鸡的"嘎"声。

2. 婉转多变：绝大多数雀形目鸟类的鸣啭韵律丰富、悠扬悦耳，各有差异，如画眉、黄鹂、鹊鸲、八哥、白头鹎等。有的还能模仿其他鸟鸣叫，如画眉。

3. 重复音节：清脆单调，多次重复。

重复一个音节的有银喉长尾山雀的"吱、吱——"声，夜鹰的"哒、哒——"机关枪声。

重复二音节的有大杜鹃的"布谷、布谷——"，白胸苦恶鸟的"苦恶、苦恶——"声。

重复三音节的有大山雀的"仔仔嘿——"，冕柳莺的"加、加、几"声。

重复四音节的有四声杜鹃的"光棍好苦"声。

重复五六个音节的有小杜鹃的"过过过，过过过过"、红头穗鹛的"滴、滴、滴、滴、滴"声。

重复八九个音节的有冠纹柳莺的"滋、滋——滋——规——滋——滋——规——滋——滋——"声。

4. 吹哨声：响亮清晰，或轻快如铃。蓝翡翠如响亮的串铃，红翅凤头鹃为两声一度的吹哨声。

5. 尖细颤抖：多为小型鸟类。飞翔时发出的叫声，似摩擦金属或昆虫的翅膀，既颤抖又尖细拖长，如暗绿绣眼鸟、翠鸟。

6. 低沉：单调轻飘的如斑鸠，声如击鼓的如褐翅鸦鹃。

（十一）行为与习性

有时，行为和习性也是识别鸟种的最好线索。鸟类在哪里，做什么、怎么做，也是有用的鉴别特征。

1. 尾羽的摆动方式：绕圈或上下摆动，尾上下摆动。如鹡鸰。

2. 停于树干的姿态：攀附于树干上或者上下左右行走。啄木鸟只能向上

●啄木鸟

●鹡鸰

爬行，而普通鸭就可以倒挂式向下爬行。

    3. 行走方式只能跳跃：如麻雀。

    4. 跳跃和步行均可：如大嘴乌鸦。

● 普通鸭

● 麻雀

    5. 伯劳把捕到的猎物插在树刺上，再慢慢享用。

● 伯劳

6. 苍鹭在水畔长时间停立，等候鱼游来。环颈鸻东走几步，西走几步，总在走走停停。

7. 游泳的鸭类，潜水的方式也各具特点。

● 苍鹭

● 环颈鸻

● 鸭

● 鸭

（十二）栖息地

鸟类的生活背景是栖息地，可以分成森林、灌丛、荒漠、草原、农田、湿地和海岸，它们互有重叠。大部分鸟类也需要混合的栖息地。一些鸟类对栖息地有特定的要求，如依赖湿地生存的鸥类，不会出现在落叶林树上。这样，根据生态类群划分，每到一地，一看生态环境，就能判断出该地区可能有什么鸟。掌握鸟类分布规律，缩小范围，可达到事半功倍的效果。

1. 森林：基本涵盖广大山区。森林是一些鸟类安生的港湾，有针叶林、阔叶林等。我国森林面积有限，却为鸟类提供了避难所和食物的来源地。由于森林里有各种各样的栖息地，从树尖到地面，从朽木到石缝，垂直带也分布有不同的鸟，在一片树林的不同空间层次也可以看到不同的鸟。在森林中，鸟类到处可以筑巢和繁殖，同时也满足多种鸟类的多样胃口。有的鸟类在林中寻找昆虫；有的在采集嫩芽、浆果和种子；有的在枝杈间一路狂冲，生擒猎物。森林中大部分鸟类都具备特别的颜色，如绿色、黄色、红色等，所以在寻找它们时，注意树冠和移动的物体，森林鸟类通常在林缘区域内数量最多。

● 森林

2. 原野：平原、农田和草原地区。栖息在原野地区的鸟类通常与人类共享生存空间，它们是最常见的鸟类，如喜鹊、乌鸦、麻雀、百灵。

● 草原

● 公园

● 湿地

3. 湿地：包括沼泽、湖泊和河流。淡水环境，无论水的深浅、水是否流动，鸟类都是评价环境的重要指标。依赖湿地环境生存的鸟类在形态结构上也表现出诸多的适应性，涉禽的长腿可以进入浅水区搜寻生物；游禽用油脂涂在羽毛上防水，漂浮在深水区，帮助它们更好地入水和出水。水中的挺水植物也给鸟类提供了庇护所，与林鸟相比，水鸟更怕人。集群活动也会放大对鸟类活动干扰的影响，稍有惊扰就会造成水面上的鸟类群飞。

4. 海岸：潮涨潮落后的沙滩和滩涂地区。无脊椎动物极为丰富，鹬类和鸻类广为分布。

● 滩涂

（十三）季节

即使在同一个地方，也要考虑时间。季节的变化对鸟类有非常大的影响，很多鸟类有迁徙的习性，除了留鸟外，夏候鸟的离去，冬候鸟的到来，丰富了当地的鸟类种类，也影响了同季节不同地区的鸟类组成，有些就成为季节性区域常见种。季节因素帮助我们排除一些选项，更准确地识别种类。随着季节变化，有些鸟类还会形成差异甚大的冬羽、夏羽，在识别时也要注意。

1. 留鸟：终年留居在出生地而不迁徙的鸟。

2. 夏候鸟：春夏季居留并繁殖的鸟，在该地称夏候鸟。

3. 冬候鸟：仅在冬季居留的鸟，在该地称冬候鸟。

4. 旅鸟：仅在春秋迁徙时可见的鸟。

· 设备及注意事项 ·

● 设备

（一）望远镜

● 望远镜

能看到大自然的美妙是最大的乐趣，但是大部分时间我们却只能从远处欣赏，特别是在湿地、湖泊、沙漠、海岸等地势平坦开阔且很少有天然隐蔽物的地方，要接近鸟类颇为困难，加之鸟类比较敏感，观鸟时不能离鸟类太近，一旦接近，美丽的景象就会消失于眼前。要克服这个距离，只有借助双筒或单筒望远镜，它们是观察鸟类的必备工具。理想的望远镜坚实、轻巧和功能强大，能看到足够小的细节而不模糊。记住，有任何一台望远镜都比没有好。

1. 双筒望远镜基本部件：

物镜：前方观察目标的镜片。

目镜：靠近观察者眼睛处的镜片。

镜筒：上端连目镜、下端接物镜的金属或全塑制成的圆筒构件。

调焦环：安装在两镜筒之间，用来调节焦距。

视差调节环：安装在一侧目镜上，调整两眼视差用。

2. 望远镜主要规格和种类：望远镜通常在镜身上有两组技术数据，如"10×35"，第一个数字"10"表示倍数，即放大10倍。如看一只距离1000 m的鸟时，看上去鸟相当于在100 m远一样大。第二个数字"35"表示物镜口径是35（单位是mm）。物镜口径越大，进入镜内的光线越多，聚光力越强，成像越明亮和清晰，大口径比小口径在晨昏暗环境看得清楚，距离看得远一点。反观其缺点，随着物镜的增大和倍数的增加，重量和体积也在增加，降低了灵活性，长时间举在眼前观看，双手易疲劳而抖动。双筒望远镜规格有7×30、8×30、8×35、8×40、10×50等。一般双筒望远镜为7~10倍，它们视野宽，体积较小，重量轻，便于近距离观察鸟类，适合在行走时及在树林中观察鸟类。单筒望远镜通常在20~60倍，物镜有50，60，80和90，体积较大，视野窄，使用时要用三角架固定，灵活性能较差，适合远距离观察长时间停留在一处的鸟。

3. 顶级望远镜其他特点：体积小，重量轻，造型新颖，流畅，易携带。

伸缩眼罩：装在目镜上，方便戴眼镜使用。

包胶铠装：内充氮气，防霉、防水、防震和防挤压，风雨不侵，具良好的耐久性。

多层镀膜：提高亮度和像的清晰度，消除各种像差，同时防止眼睛被强光伤害。

屋脊棱镜：多镜片，令影像清晰明亮而富立体感。

防颤装置：防止影像抖动。

舒适背带：防止滑动和颈部疲劳。

4. 望远镜的使用：

目镜间的距离调节：由于每个人的视力及左右眼瞳孔间宽度都有一定的差异，首先要使两目镜能对准自己的双眼。用两手各握双筒望远镜的一镜筒，扳折两镜筒直到左右两视野重合为一个完整影像。

焦距调节：首先遮挡右眼目镜，用左眼观望一静止物体，转动调焦环看清物体；然后遮挡左眼目镜，用右眼观望同一静止物体，转动视差调节环，直至看清晰。记住视差调节环刻度，再使用时可以马上矫正。

搜索目标：放大倍率越大，视野越小，再加上调焦，搜寻目标越困难，甚至有时会出现头晕的感觉。不要急于用望远镜观看，而应先看准鸟所在的位置，查看鸟的附近是否有较明显的物体，如观察树枝上的鸟，可以以主干或树枝分杈处作参照，确定鸟的位置。

此外，也可采用表盘法观察，把面前的树冠在想象中框在一个圆内，相当于一个表盘，描述鸟所处的时数位置，如寿带在 4 点方向，猫头鹰在 10—11 点方向，搜索迅速。好处是多人观察，避免举手指点，不惊动鸟类。

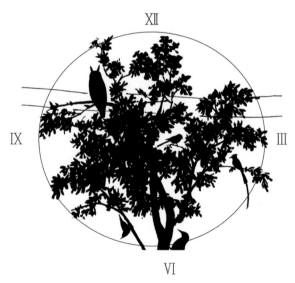

● 钟表

（二）野外记录

1. 记录本：有经验的观鸟者都准备有一本可以放入口袋的记录本，养成随看随记的习惯。记笔记是训练用眼睛捕捉鸟的主要特征的最佳方法，要记录的信息包括：时间、地点、观看时间、自然环境、天气、人员、鸟类名称和数量等。作为一名细心的观察者，许多细节可供记录，如可以对不认识的鸟画一张草图，标注从外形到颜色、翅膀斑块位置变化等特征，同时可以用彩色笔描出（有空时），记下羽毛、行为、栖息领地范围等值得注意的笔记。注意，在做这些事情的同时，鸟会随时飞走，所以先观察主要的部分，细节逐渐查找或和他人合作补齐。今天的一小步，明天的一大步。

2. 铅笔：保持笔尖完好，绘局部细节。用浅色或网格代表相关色彩。

（三）名录、图鉴、App 应用

每去一个地方，一定要找到当地的鸟类名录，认真阅读，以便排除不相关的鸟类干扰，快速识别。图鉴也是不可缺少的，它反映精确的鸟类形态、羽色变化。图鉴有两种，一种是绘图式图鉴，用实际大小的鸟成比例绘制，同一版面便于对照，标注有鸟类特征，缺点是色彩层次还原不到位，有时和实际相差甚远。另外一种是摄影照片式图鉴，如本书，充分表现鸟类自然形态、羽色原装、栖息地真实，更易比对。现在出现的各种鸟类手机 App 应用程序，也为我们搜索、鉴别鸟类提供了一条更快捷、方便的途径。

（四）服装

衣服、鞋帽要得体和轻便，穿着舒适便于活动。另外，在野外观鸟时，服装的颜色应与环境相适应，如迷彩服。避免艳色衣服、闪光物品，因为大多数鸟类对这些鲜亮的颜色非常敏感。到山林观鸟应穿长衣、长裤和高帮鞋，防止被树枝等划伤或被蚊虫及蛇咬伤。为防万一，还应准备一些药品。若到较远的地方观鸟，需带足食品，特别是水。若天气不好，还应预备雨具。

（五）地图与罗盘

地图可以帮助观鸟者定位，增强行动的目的性，如要水面观察可以去南岸顺光方向。罗盘或 GPS 方便定位，防止迷失方向。也可以添加户外导航 App，确定线路位置。

（六）相机、手机

拍照片也是不错的选择，需要准备一套长焦镜头才能有好的效果。使用手机可以录下生命之音，也可以录下影像。

（七）外出注意事项

注意周围的野生动物和无路标之地，与朋友同行，不投喂野生动物，不干扰鸟类正常生活，保护环境。

种类识别

Species Accounts

鸡形目 GALLIFORMES

雉科 Phasianidae

花尾榛鸡 Hazel Grouse *Tetrastes bonasia*

　　俗称"飞龙"。中型森林鸟类，体长 30~40 cm。雄鸟喉部黑色，背部棕褐色，具栗色横斑。下体棕褐色并杂有白斑，尾羽具黑色次端斑。雌鸟羽色似雄鸟，但喉部白色。栖息于山地森林中，偏好落叶阔叶林、针阔混交林和林缘地带。分布于东北、内蒙古、河北北部和新疆。

黑琴鸡 Black Grouse
Lyrurus tetrix

体型大，体长44~61cm。雄鸟体羽黑色具蓝绿色光泽。尾黑色，呈镰刀状向外弯曲。眼上具一半月形红斑。雌鸟体色深褐色。喜栖息于森林草原、河谷等地。成群活动，有固定求偶场。分布于东北、河北、内蒙古和新疆。

石鸡 Chukar Partridge
Alectoris chukar

中型雉类，体长约38cm。脸侧连同喉部具一道较宽的黑色领圈，两胁白色具10余条黑色夹栗色的斑纹。雌雄鸟羽色相同。雄鸟常发出一串"嘎—嘎"声，声调逐渐升高。成对或集群活动于开阔山区、草原，觅食植物的茎、叶、果实、种子及昆虫。广布于北方地区，为留鸟。

高原山鹑 Tibetan Partridge
Perdix hodgsoniae

小型鹑类,体长 23~30 cm。两性羽色相似。白色眉纹,眼下具黑色斑。颈后、背部棕褐色,密布黑褐色横斑。主要栖息于高山草甸、流石滩和亚高山灌丛。多在地面觅食,善奔跑,甚少飞行。有合作繁殖现象。分布于新疆、四川、甘肃和青藏高原东南部地区。

鹌鹑 Japanese Quail
Coturnix japonica

小型雉类,体长约 20 cm。头部具近白色冠纹和长眉纹。脸侧及喉部红褐色。上体深色羽毛具皮黄色长条纹,对比非常明显。尾短。栖息于低山的草地、农田生境中,性胆怯,常走至跟前才会突然惊飞,但不高飞,飞行一小段后就落下,然后快速在草丛间穿梭躲避。除西藏和新疆外,分布于全国各地。在东北及华北部分地区为夏候鸟,冬季迁往南方地区越冬。

灰胸竹鸡 Chinese Bamboo Partridge
Bambusicola thoracicus

体型中等，体长约 33 cm。长眉纹灰蓝色，与脸侧的棕色形成鲜明对比，具灰色和栗红色半环状胸带，腹部棕黄色至皮黄色。叫声婉转而洪亮。常以家族群活动，栖息于竹林、灌丛等。多在地面觅食，夜栖于树上。在南方普遍分布，为留鸟。

血雉 Blood Pheasant
Ithaginis cruentus

中型雉类，体长 36~46 cm。头顶具羽冠，羽色随亚种不同而变化，以红色、栗红色和绿色为主，脚红色。雄鸟体羽以灰色为主，细长呈披针状，羽轴灰白色。雌鸟体羽以棕褐色为主。栖息于海拔 1 500~3 000 m 的高山针叶林、针阔混交林和杜鹃灌丛。喜结群活动，鸣声较单一，主要以苔藓等植物为食。主要分布于青藏高原南部、东部的山地森林和秦岭。

红腹角雉 Temminck's Tragopan
Tragopan temminckii

雄鸟体长约 58 cm，头部和羽冠黑色，脸和喉部裸出区域蓝色，具蓝色肉角和肉裙。通体红色，上体满布灰色而具黑色边缘的点斑，下体具大块的浅灰色鳞状斑。雌鸟较小，棕褐色斑驳，下体具较大白色点斑。栖息于海拔 1 000~3 900 m 的针阔混交林，单独或成家族群活动，在地面活动取食。分布于西南及华南部分地区。

红原鸡 Red Junglefowl
Gallus gallus

中型雉类，体长 42~59 cm。雄鸟头部具红色肉冠和肉垂。颈部和上背具棕红色披针状羽毛。胸腹部和尾羽暗绿色，具金属光泽。中央尾羽长且下弯。雌鸟体羽灰褐色。栖息于中低海拔的低山丘陵地带，尤喜热带季雨林，常绿阔叶林和林缘灌丛带。偶见于农田耕地中觅食。常成群活动，性胆怯而机警。主要分布于热带地区的云南南部、广西南部和海南。

白鹇 Silver Pheasant *Lophura nycthemera*

　　大型雉类，体长约 100 cm。雄鸟脸部裸区红色，具黑色发辫状冠羽，体羽由黑白两色组成，易于辨认。雌鸟个体较小，通体褐色，下体具白色或黄色条纹。栖息生境多样，主要栖息于较开阔的山地林区。结小群活动，在林下觅食种子、果实、昆虫等。分布于南方地区，为留鸟。

白马鸡 White Eared Pheasant *Crossoptilon crossoptilon*

　　体长约 80 cm。体白色，两性羽色相似，脸上具红色裸露皮肤，头顶黑色，具两个短角状白色耳羽簇。尾羽黑色，披散而下垂。集小群活动，栖息于海拔 3 000 ~ 4 000 m 的针阔混交林、高山灌丛及草甸生境。不善飞行，不甚惧人，常在寺庙周围觅食。分布于青藏高原，为留鸟。

藏马鸡 Tibetan Eared Pheasant *Crossoptilon harmani*

大型雉类,体长81~90 cm。两性羽色相似,体羽以蓝灰色为主,脸部裸区红色,头顶黑色,耳羽簇、喉部、颈侧和后颈白色。主要栖息于海拔2 500~4 000 m的高山森林、灌草丛和草甸。常成小群在林间空地或林缘灌丛中觅食。喜在晨昏鸣叫,鸣声洪亮短促。单配制。分布于西藏南部和东南部地区。

褐马鸡 Brown Eared Pheasant *Crossoptilon mantchuricum*

大型雉类,体长约100 cm。周身褐色,眼周皮肤红色裸露,头顶黑色,具

长而硬的白色耳羽簇。尾羽丝状白色,较易辨认。常栖息于针叶林、针阔混交林,杂食性。求偶期雄鸟之间有激烈争斗,非繁殖期常集结成大群越冬。为我国北方特有种,仅分布于陕西东部、山西太行山区以及河北至北京的西部山区。

环颈雉 Common Pheasant
Phasianus colchicus

俗称"野鸡"。雄鸟体长约80 cm。羽色艳丽，体羽具金属光泽。脸部裸区和肉垂红色。颈部暗绿色，白色颈环有或无。雌鸟土褐色并密布深色斑纹。生境类型十分多样。隐蔽性很强，通常人走至跟前才突然惊飞，并伴有急速惊叫声。雄鸟发情期内常发出响亮的"叫—叫"声，并伴有急速抖翅声。除羌塘高原和海南外，全国各地均有分布，为留鸟。

红腹锦鸡 Golden Pheasant *Chrysolophus pictus*

俗称"金鸡"。体长约100 cm。整体较为细瘦，雄鸟羽色以金黄色为主，头顶具金黄色丝状冠羽，胸腹部红色，颈部金黄色羽毛呈披肩状。上背铜绿色，具黑色横斑。下背部和腰部金黄色。雌鸟较小，周身黄褐色而具白色杂斑。单独或小群活动于次生山地林区。分布于中部及西南部地区森林中，为留鸟，是我国特有种。

白腹锦鸡 Lady Amherst's Pheasant *Chrysolophus amherstiae*

俗称"银鸡"。雄鸟体长约 150 cm，羽色艳丽，头顶、背部和胸部暗绿色，闪金属光泽。具红色羽冠和镶黑边的白色披肩状羽毛，下背和腰金黄色至亮红色，腹部白色。尾羽甚长，具黑白相间的云形斑纹。雌鸟深棕褐色，后颈部具黑白色斑纹。栖息于海拔 1 800~3 600 m 的山地林区的低矮树丛及次生林中。分布于西南地区，为留鸟。

雁形目 ANSERIFORMES

鸭科 Anatidae

鸿雁 Swan Goose *Anser cygnoid*

大型雁类，体长81~90 cm。长喙黑色，头顶至后颈棕褐色，前颈白色，前颈与后颈具一道明显界线。上体灰褐色但羽缘皮黄色，飞羽黑色，臀部近白色，腿粉红色。常成群活动于湖泊、水塘、沼泽地带，以植物、藻类和软体动物为食。迁徙时常成百上千排成"一"字形或"人"字形队伍，并伴随着洪亮的叫声。除陕西、西藏、贵州、海南外，分布于全国各地。

豆雁 Bean Goose *Anser fabalis*

大型雁类，体长约80 cm。全身灰褐色或棕色，胸以下污白色，两胁具褐色横斑，喙黑色，喙前1/3处显著的黄色横斑使其易于识别。脚橙黄色。多成群栖息于江河、湖泊、水库和农田中。迁徙飞行成"一"字或"人"字形队列，交替交换队形，边飞边叫。性机警，采食休息时总有一只"哨雁"负责警

卫。通常夜间取食薯类和谷物，也吃青草、菱角等。越冬时见于长江以南各地区。

灰雁 Graylag Goose *Anser anser*

　　大型灰褐色雁，体长 76~89 cm。喙和脚肉色。上体羽灰色而羽缘白色。胸浅烟褐色，尾上及尾下覆羽白色。飞行中浅色的翼前区与飞羽的暗色成对比。常成对或成小群活动于开阔原野、湖泊、沙洲、河湾，以小虾、螺、昆虫、水生植物为食。分布于全国各地，繁殖于北方大部分地区，结小群越冬于南部、中部的湖泊。

白额雁 Greater White-fronted Goose
Anser albifrons

　　大型雁类，体长约 75 cm。喙基部和前额具显著的白色斑。无黄色眼圈。头、颈和背部暗灰褐色，胸腹部羽毛棕灰色，并夹杂有不规则的黑色斑。通常栖息于沿海、滩涂附近的草地和沼泽地带。喜欢在陆地上觅食植物的根、茎、叶、花和果实。主要繁殖于西伯利亚北部，冬季迁飞至我国东部沿海及长江中下游一带集群越冬。

斑头雁 Bar-headed Goose *Anser indicus*

中型雁类，体长 60~75 cm。头颈白色，头后具两道黑色带斑，故名"斑头雁"。上体灰褐色，羽缘浅棕色或白色，下腹和尾下覆羽亦白色。耐寒冷荒漠碱湖。喜集群活动，主要以植物的茎、叶、种子等为食，也常到农田里觅食农作物。休息时常单腿独立，性机警怕人。在西北一带繁殖，秋季开始飞至四川、云南等长江以南的广大地区越冬。

疣鼻天鹅 Mute Swan *Cygnus olor*

大型游禽，体长约140 cm。全身羽毛纯白，喙橘黄色。雄鸟前额基部具一黑色疣突。雌鸟疣突不明显。幼鸟为绒灰色或污白色，喙灰紫色。栖息于江河湖泊，常成对或以家族为单位活动，游水时颈部呈优雅的"S"形，两翼常高拱。主要以水生植物为食。东部见于从黑龙江沿海岸线到福建、台湾，中西部见于内蒙古、甘肃西北部、青海中部、四川北部、新疆中部和北部地区。

小天鹅 Tundra Swan *Cygnus columbianus*

体型比大天鹅小，体长约 120 cm。颈部明显比大天鹅短，喙基部黄色斑面积较小，不过鼻孔。生活在多芦苇的湖泊、水库和池塘中。主要以水生植物的根、茎和种子等为食。鸣声清脆短促，为"叩—叩"的哨声，而不像大天鹅的喇叭一样地叫，遇惊时飞逃不远就降落下来。主要为冬候鸟，分布于新疆、东北、华北、长江中下游及东南沿海等地。

大天鹅 Whooper Swan *Cygnus cygnus*

高大型天鹅，体长约 155 cm。颈长几乎与体长相等，全身体羽洁白无瑕。喙黑色，喙基黄色区域向前延伸至鼻孔之下。游水时颈较疣鼻天鹅直。飞行时颈部向前伸直，脚亦伸直向后，常小群在空中列队飞行。以水生动植物为食，并能挖食淤泥下半米左右的食物。冬季分布于华北、长江流域及东南沿海地区，夏季繁殖于新疆、东北等地。

翘鼻麻鸭 Common Shelduck *Tadorna tadorna*

大型鸭类，色彩分明，体长约 60 cm。头颈黑色，喙红色并略上翘，雄鸟繁殖期喙基部具一红色皮质瘤，自背至胸具一栗色环带，腹中央具一黑色纵带，其余体羽白色，脚红色。雌鸟较雄鸟小，羽色略浅淡。活动于各种湖泊、河流、盐池及海湾处，杂食性。冬季常数十至上百只集群。分布于全国各地，繁殖于西北、内蒙古和东北地区，秋季迁往南方越冬。

赤麻鸭 Ruddy Shelduck *Tadorna ferruginea*

大型鸭类，体长约 65 cm。雄鸟额部棕白色，颈基部具一黑色领环，上体赤黄色，翅上覆羽棕白色，翼镜铜绿色；下体色浓近栗色，翅、尾、喙均为黑色。雌鸟羽色较淡，颈基无黑色领环。适应多种生态环境，从低海拔盆地到高海拔山区都有它们的踪迹。通常成对或结小群在湖畔、沙洲、草原上活动。以植物性食物为主。繁殖于西北、东北各地区，越冬于华北、华中、华南和西南地区。

● 赤麻鸭（雄）

● 赤麻鸭（雌）

鸳鸯 Mandarin Duck *Aix galericulata*

● 鸳鸯 (雄)

羽色艳丽, 体长约45 cm。雌雄异色。雄鸟体羽五颜六色, 喙红色, 头部具羽冠, 眼后白色眉纹宽阔, 翅上的 1 对杏黄色帆羽更是醒目。胸腹部纯白色。雌鸟喙黑色, 头和背部灰褐色, 眼后白色眉纹纤细。栖息于沼泽、湖泊、溪流及近山的河川。除繁殖期外结群活动。杂食性。繁殖于山间或湖沼中的树林。 分布于东北、内蒙古、河北、长江下游、福建、台湾及广东。

● 鸳鸯 (雌)

赤膀鸭 Gadwall *Mareca strepera*

中型灰色鸭类，体长46~58 cm。雄鸟喙黑色，胸褐色具新月形白色细斑，黑白翼镜，尾下覆羽黑色。雌鸟头较扁，喙侧橘黄色，腹部及次级飞羽白色。常小群在开阔湖面活动，清晨和黄昏则飞到附近田野觅食。常成对活动，筑巢于水边草丛中或湖心岛上小树枝杈上。分布于全国各地，越冬于长江以南大部分地区及西藏南部地区。

罗纹鸭 Falcated Duck *Mareca falcata*

体型中等，体长约45 cm。雄鸟头顶栗褐色，枕、冠和头侧金属铜绿色；喉白，中间具一黑绿色领环。翼镜墨绿；翅上三级飞羽长而向下弯曲似镰刀状；下体灰白，并密布虫纹状褐斑。雌鸟略小，上体黑褐，杂有棕色"V"字形斑；下体棕白，密布黑褐色斑。结小群在湖泊中栖息觅食。主要以藻类、杂草种子和稻谷为食。繁殖于东北北部地区，冬季遍布于河北以南地区。

赤颈鸭 Eurasian Wigeon *Mareca penelope*

中型鸭类，体长约 45 cm。雄鸟头顶棕白，头、颈栗红色，背及肋灰白色并带黑褐色细斑，翼覆羽纯白，翼镜翠绿，胸部葡萄红色。喙蓝灰色，前端黑色。腹部纯白色。雌鸟体羽大多灰褐色，翼镜灰褐色。多见于沼泽、湖泊、池塘、河流或海边。多以植物的根、茎和种子为食，也取食一些动物性食物。繁殖于东北地区，越冬飞至长江以南地区。

● 赤颈鸭（雄）

● 赤颈鸭（雌）

绿头鸭 Mallard *Anas platyrhynchos*

● 绿头鸭（雌）

为我国最常见的鸭类，体长约 60 cm。雄鸟头颈墨绿色并泛金属光泽，颈基部具白色领环，胸部栗色。喙黄绿色，脚红色。翼镜为有光泽的蓝紫色。中央 2 对黑色尾羽末端上卷。雌鸟尾羽不卷，体黄褐色，并缀有暗褐色斑点，具深色过眼纹。多结小群在河湖等水域。杂食性。集群飞有振翅声。叫声为"嘎—嘎—嘎……"。繁殖于北方，在南部广大地区为冬候鸟或旅鸟。

● 绿头鸭（雄）

斑嘴鸭 Eastern Spot-billed Duck *Anas zonorhyncha*

中型鸭类，体长约 60 cm。雌雄羽色相差不大。喙黑色而喙端黄且于繁殖期喙端顶尖具一黑点为本种特征。头部具一明显棕白色眉纹，过眼纹色深。体羽大都棕褐色，杂以黑褐色斑。翼镜呈金属蓝绿色，脚橙黄色。雌鸟羽色稍比雄鸟暗淡。多成对或结小群在水域活动。主食水草等，兼食昆虫和小型无脊椎动物。主要繁殖于东北、华北、内蒙古等地。在长江中、下游和华东地区终年留居，在华南、西南、西藏地区为冬候鸟或旅鸟。

针尾鸭 Northern Pintail
Anas acuta

中型鸭类，体长约 60 cm。雄鸟头部和喉部暗褐色，颈部具上尖下宽连接到胸部的白色纵带。翼镜铜绿，黑色的中央尾羽特别长，先端尖锐如针状。雌鸟体形较小。头和背大都褐色，缀以白斑。翼镜不明显，尾羽也不

如雄鸟尖长。常栖息于沼泽地带以及水草茂盛水域。杂食性，以植物为主，常水下觅食呈倒立状。繁殖于东北和新疆等地，飞长江以南各地越冬。

● 绿翅鸭（前雌后雄）

绿翅鸭 Green-winged Teal
Anas crecca

体型中等，体长约35 cm。雄鸟头颈暗栗色，头侧具一"逗号"状绿色带斑。翼镜绿色，外缘绒黑。下体棕白，胸部缀具黑色斑点，尾下覆羽黑色。雌鸟背棕黑色具棕黄"V"形斑。喜结大群栖息于水草丰盛的湖面上和沿海的潮间带。性机警，惊飞时多快速地贴水面飞行。多吃水生植物种子、嫩芽以及少量软体动物。迁徙时遍及东北、华北全境；越冬区很广阔，遍及自河北以南的广大水域。

● 琵嘴鸭（左雌右雄）

琵嘴鸭 Northern Shoveler
Spatula clypeata

中型鸭类，体长约50 cm。雄鸟眼黄色或金黄，喙黑色，末端扩大为铲状，为其显著特征。头颈黑色而具紫绿色光泽。胸部白色。两胁棕栗色。雌鸟全身羽毛黄褐色，眼棕褐色。栖息于淡水水域。常见其在浅水处把头没于水面，并用铲形的喙采食水面的植物种子、浮游生物等为食物，也到岸边挖掘泥中的食物。夏季繁殖于北方地区，秋季迁飞到长江以南各地越冬。

花脸鸭 Baikal Teal
Sibirionetta formosa

中型鸭类，体长约 42 cm。雄鸟头顶色深，脸部具纹理分明的亮绿色、黑色、黄色月牙形条纹。多斑点的胸部染棕色，两胁具鳞状纹。肩羽形长，中心黑色而上缘白色。翼镜铜绿色，臀部黑色。雌鸟喙基具白点。常小群活动于江河、湖泊中，夜晚则到田野或水边浅水处觅食，筑巢于河岸或湖边干芦苇中或灌丛中。迁徙季节除甘肃、新疆外，见于全国各地。

● 花脸鸭（雌）

● 花脸鸭（雄）

赤嘴潜鸭 Red-crested Pochard *Netta rufina*

● 赤嘴潜鸭（左雌右雄）

大型潜鸭，羽色美丽，体长约55 cm。喙型狭窄为红色，雄鸟头部栗色。上背灰褐色，下体除两胁白色外均为黑褐色，翼镜白色。雌鸟羽色单调，全身暗棕色，脸颊及喉白色，喙黑色，仅末端为红色。栖息于宽阔平缓的湖泊以及河流和水库中。常小群活动。以水草和藻类等植物为食。繁殖于新疆、内蒙古、青海等地，越冬时见于中部、西南和东南部水域。

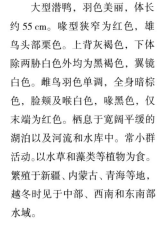

● 红头潜鸭（雄）

红头潜鸭 Common Pochard
Aythya ferina

中型潜鸭，体长约45 cm。雄鸟头、颈栗红色，眼鲜红，胸部黑色，体羽主要为银灰色，密布黑色细纹。翼镜灰白色，脚青灰色。雌鸟头颈棕褐色，眼褐色，胸、腹黄褐色。栖息于有芦苇的水域或沼泽地域，善于游泳，常猛地潜入水中捕食鱼、虾和软体动物，但以水生植物和甲壳类为主。繁殖于新疆，越冬于长江流域、西南地区和台湾、福建、广东。

● 红头潜鸭（雌）

白眼潜鸭 Ferruginous Duck *Aythya nyroca*

● 白眼潜鸭（雄）

　　中型全深色型鸭，体长
38~42 cm。尾下羽白色，雄鸟
的头、颈、胸及两胁浓栗色，
眼白色。雌鸟暗烟褐色，眼黑
褐色。常成对或小群活动在有
芦苇等水草的水边，遇危险则
藏入芦苇丛中。善潜水，但在
水下停留时间不长。大都在晨
昏觅食。分布于中部、西部地区。

● 白眼潜鸭（雌）

凤头潜鸭 Tufted Duck *Aythya fuligula*

● 凤头潜鸭（雌）

● 凤头潜鸭（雄）

　　中型潜鸭，体长约40 cm。眼金黄色。雄鸟具显著的黑色凤头冠羽，全身除腹、两胁及翼镜为白色外，其余体羽亮黑色，在阳光下闪耀着紫色光泽。雌鸟羽冠较雄鸟短，头颈黑褐色，体羽大多灰褐色。喜结大群生活在较深的湖泊、水库中。水性好，常潜入数米深的水底觅食小鱼、蝌蚪和软体动物等，仅吃少量植物性食物。全国分布，繁殖于东北地区，越冬于南部地区。

鹊鸭 Common Goldeneye *Bucephala clangula*

中型深色潜鸭，体长 42~50 cm。头大而高耸，眼金色。繁殖期雄鸟胸腹白色，次级飞羽极白。喙基部具大的白色圆形点斑。头余部黑色闪绿光。雌鸟烟灰色，头褐色，无白色点斑，通常具狭窄白色前颈环。非繁殖期雄鸟似雌鸟，但近喙基处点斑仍为浅色。性机警，距人很远即飞。善游泳和潜水，能长时间潜入水下捕食。除海南外，分布于全国各地。

● 鹊鸭（左雄右雌）

● 鹊鸭（雄）

● 斑头秋沙鸭（左雌右雄）

斑头秋沙鸭 Smew
Mergellus albellus

体型小，体长约 40 cm。雄鸟羽毛雪白色，面部黑斑犹如熊猫的"黑眼圈"，枕部、两翅黑色。雌鸟头顶、两颊和颈部栗褐色，喉部、腹部白色，其他部位灰褐色。常栖息于湖泊或江河中，冬季也见于沿海地区。多结小群活动，善于游泳和潜水。主要以鱼及少量甲壳类和贝类为食。夏季繁殖于东北、新疆，越冬于新疆、华北、长江流域至华南等地。

普通秋沙鸭 Common Merganser *Mergus merganser*

体型较大，体长约 65 cm。喙、脚红色。雄鸟头部及颈部黑褐色，具绿色金属光泽。枕部具粗而短的冠羽，但不易观察到！胸、腹白色。上背黑褐色，下体纯白色。雌鸟头颈棕褐色，上体主要灰色，下体多白色。栖息于水流湍急的河谷、湖泊中。常成对或结小群活动，善于潜水追捕鱼、虾。繁殖于东北、西北等地，越冬于华南大部分地区。

● 普通秋沙鸭（雄）

● 普通秋沙鸭（雌）

種類識別 | Species Accounts

鹏䴘目 PODICIPEDIFORMES

鹏䴘科 Podicipedidae

小鹏䴘 Little Grebe *Tachybaptus ruficollis*

体型小，体长 23~29 cm，矮扁的深色鹏䴘。喙角具明显黄色斑，喉及前颈偏红色，头顶及颈背深灰褐色，繁殖羽：上体褐色，下体偏灰色。非繁殖羽：上体灰褐色，下体白色。常单独或成群于湖泊、水塘和沼泽地游泳或潜水，常见其潜入水中捕食鱼、虾、昆虫。分布于全国各地，在大部分地区为留鸟。

● 小鹏䴘（非繁殖羽）

● 小鹏䴘

凤头䴙䴘 Great Crested Grebe *Podiceps cristatus*

　　体型较大，体长 46~61 cm。脸侧白色延伸过眼，头顶黑色，向后形成羽冠，颈和下体近白色，上体纯灰褐色。繁殖期成鸟颈背栗色，喙暗褐色，颈具鬃毛状饰羽。常成对或小群活动于湖泊、水塘、海湾。善潜水，可长时间潜水，并捕食水中的鱼类等水生动物。求偶行为独特。除海南外，全国各地均有分布。

鸽形目 COLUMBIFORMES

鸠鸽科 Columbidae

岩鸽 Hill Pigeon *Columba rupestris*

　　体型大，体长约 31 cm。与家鸽相似。腰部白色，尾部的黑色端斑和白色次端斑是其重要特征，飞行时从腰部到尾端呈现出白—灰—白—黑的色彩，翅膀次级飞羽具两道黑斑，飞行及站立时都清晰可见。群栖于山区悬崖峭壁，常小群到山谷及平原地区觅食种子和果实。在长江以北的山区普遍分布，多为留鸟，在偏西北的地区为夏候鸟。

山斑鸠 Oriental Turtle Dove
Streptopelia orientalis

体长约 33 cm，略显肥胖。脚红色，喙铅蓝色。颈侧基部具蓝黑相间的横条状斑，翼上覆羽具红褐色羽缘。下体酒红褐色。叫声两声一度，似"嘟嘟—卟卟"。成对或结小群活动于低矮山区、农田附近，城市园林中也可见到，在地面取食种植物种子。分布遍及全国，在东北北部为夏候鸟，其他地区为留鸟。

灰斑鸠 Eurasian Collared Dove *Streptopelia decaocto*

体长约 32 cm，体型与山斑鸠非常相似，只是较瘦，但比珠颈斑鸠显粗壮。周身为非常浅的灰色，后颈基部具黑色的半领环是其重要鉴别特征。常成群栖息于低山村庄及农田附近，有时村落边的电线杆上会成排停落数十只。在地面取食植物种子。在东北南部、华北至华中及西北部分地区都有分布，为留鸟。

火斑鸠 Red Turtle Dove *Streptopelia tranquebarica*

● 火斑鸠(雄)

　　体型较小，体长约 23 cm。雄鸟蓝灰色的头与紫砂色的身体对比明显，并且后颈基部具黑色半环。雌鸟体偏褐色而显暗淡，尾部白色区域的分布类似珠颈斑鸠，但白边显得更宽，且最外侧尾羽外边缘为白色而与珠颈斑鸠区分开。小群活动于较稀疏的林地及农田生境，在地面急速地走动觅食。在长江以北地区主要为夏候鸟，长江以南为留鸟或冬候鸟。

● 火斑鸠(雌)

珠颈斑鸠 Spotted Dove *Streptopelia chinensis*

　　体型与山斑鸠相似，但相对较细，体长约 30 cm。体色更偏紫色，飞行时尾显得偏长。颈侧满是白点的黑色块斑，状如珍珠，由此得名。飞行姿态挺胸抬头，翅膀扇动有力，一下一下很有节奏。与人生活得更近，常栖息于村庄附近、稻田及城市园林中。地面取食种子，叫声三声一度，为"卟—咕—咕"的连续声。华北及以南地区均有分布，为留鸟。

沙鸡目 PTEROCLIFORMES

沙鸡科 Pteroclidae

毛腿沙鸡 Pallas's Sandgrouse *Syrrhaptes paradoxus*

体型大，体长约 36 cm。体羽沙色，上体具黑色杂点斑，眼周浅蓝色，脸侧具橙黄色斑纹，胸具浅黑带，中央尾羽延长。多集群，飞行速度快，飞行距离短。栖息于荒漠、半荒漠等地。分布于我国北方地区。

夜鹰目 CAPRIMULGIFORMES

夜鹰科 Caprimulgidae

普通夜鹰 Grey Nightjar *Caprimulgus indicus*

体中型偏灰色夜鹰，体长约 28 cm。喙黑扁，上体灰褐色，密杂以黑褐色和灰白色虫蠹斑。最外侧 3 对初级飞羽内侧近翼端处具一大形棕红色或白色斑。主要栖息于阔叶林和针阔叶混交林中，也出现于灌丛、农田地区竹林和丛林内，白天栖于地面或横枝。除新疆、青海外，分布于全国各地。

雨燕科 Apodidae

普通雨燕 Common Swift *Apus apus*

体型与家燕相似，但个体稍大，体长约 18 cm。白色的喉与胸部为一道深褐色的横带所隔开。周身黑褐色，额部近白色。翅呈镰刀状稍向后弯曲，尾羽叉状呈中等深度。在城市上空常可见小群边飞边叫，飞行速度极快，叫声响亮尖锐。巢筑于古建筑的屋檐下及横梁的窟窿中。在北方大部分地区繁殖，冬季迁徙到非洲越冬。

白腰雨燕 Fork-tailed Swift *Apus pacificus*

体型大，体长约 18 cm，污褐色，体大而色淡。喉白色，腰部白色马鞍形斑较窄，体型较细长，尾分叉。常与其他雨燕混合成群于开阔地区活动。飞行速度比针尾雨燕慢，进食时做不规则的振翅和转弯。繁殖于东北、华北、华东、西藏东部及青海，在南部、台湾、海南为留鸟。

鹃形目 CUCULIFORMES

杜鹃科 Cuculidae

褐翅鸦鹃 Greater Coucal *Centropus sinensis*

体型大，体长约 52 cm。粗厚黑色的喙，体羽全黑，仅上背、翼及翼覆羽为纯栗红色，头、颈和胸部闪耀紫蓝色光泽。尾羽呈长而宽的凸状。单个或成对活动，喜林缘地带、次生灌木丛、多芦苇河岸及红树林。常下至地面，但也在小灌丛及树间跳动。在南方为常见留鸟。

噪鹃 Common Koel
Eudynamys scolopaceus

体型大，体长约 42 cm。虹膜红色，尾长，雄鸟通体蓝黑色，具蓝色光泽，下体沾绿色。雌鸟上体暗褐色，略具金属绿色光泽，并满布整齐的白色小斑点。多单独活动，栖息于山地、丘陵、山脚平原地带林木茂盛的地方。常隐蔽于大树顶层茂盛的枝叶丛中，若不鸣叫很难被发现。除东北、西北外，其他地区都有分布。

四声杜鹃 Indian Cuckoo
Cuculus micropterus

体型中等，体长约 30 cm。从外形上看，尾部明显宽阔的黑色次端斑是其区别于其他杜鹃最好辨认的特征，飞行时尤为明显。叫声更具特色，四声一度，听似"光—棍—好—苦"，常边飞边鸣。和其他杜鹃类似，飞行姿势类似隼，但翅膀更显尖细，扇动也更轻柔。除西部干旱地区及高原外，其他大部分地区都有繁殖，冬季迁往南方越冬，在海南岛为留鸟。

大杜鹃 Common Cuckoo
Cuculus canorus

中型杜鹃，体长约 33 cm。一般青灰色，腹部具深色细横条纹，也有棕色型雌鸟，周身满布细横纹。黄色眼睛是其区别于其他相似形态杜鹃的主要特征。叫声有特点，两声一度，为"布—谷，布—谷"声，因此民间也称其为布谷鸟。常栖息于开阔林地及芦苇丛生境。杜鹃都有寄生产卵的习性，在北方，东方大苇莺是大杜鹃的主要寄主。分布遍及全国，为夏候鸟。

鸨形目 OTIDIFORMES

鸨科 Otididae

大鸨 Great Bustard *Otis tarda*

● 大鸨 (雄)

● 大鸨 (雌)

大型鸨类，体长约 105 cm。头、颈及前胸深灰色，喉部近白色；上体具宽大的棕色及黑色横斑，腹及尾下覆羽白色。繁殖期雄鸟颏部具白色丝状羽，颈侧具棕色丝状羽。雌鸟体小淡灰褐色，无胸带。栖息于森林、草原、半荒漠、荒漠，越冬时多在开阔的农耕地。结小群活动，步态审慎，善奔驰，飞行低而缓慢。雄鸟炫耀时膨出胸部羽毛。分布于新疆、东部地区。

鹤形目 GRUIFORMES

秧鸡科 Rallidae

普通秧鸡 Brown-cheeked Rail
Rallus indicus

中型暗深色秧鸡，体长约 29 cm。头顶褐色，脸灰，眉纹浅灰而过眼纹深灰色。喙多橘黄色或近红色，上喙黑褐色。上体橄榄褐色，缀以黑色纵纹，下体多灰色，两胁具鲜明的黑色横斑。栖息于河、湖、水塘岸边的草丛或芦苇沼泽湿地中。习性羞怯，常单独或小群于夜间或晨昏活动。杂食性，以小鱼等水生动物性食物为主。全国各地均有分布。

小田鸡 Baillon's Crake
Zapornia pusilla

体型小，体长约 18 cm。眼红色并具褐色过眼纹。喙短，腹部具白色细横纹。雄鸟头顶及上体红褐色，具黑白横斑，胸及脸灰色。雌鸟色暗，耳羽褐色。常单独活动于沼泽型湖泊及多草的沼泽地带，极少飞行。除西藏、青海外，全国各地均有分布。

红胸田鸡 Ruddy-breasted Crake *Zapornia fusca*

较小型红褐色田鸡,体长约 20 cm。颏部白色,喙褐绿色。上体纯褐色,无斑纹,头侧、胸部及腿红棕色,腹部及尾下黑褐色,具白狭横纹。栖息于湖滨、河岸草丛与灌丛、水塘、水稻田等沼泽地带。性胆怯,难见到,晨昏活动。杂食性,取食软体动物、水生昆虫、水生植物的嫩枝和种子等。除西北地区外,全国各地均有分布。

白胸苦恶鸟 White-breasted Waterhen *Amaurornis phoenicurus*

较大型灰白两色的苦恶鸟,体长约 33 cm。喙黄绿色,上喙基部橙红色。上体深灰色,两颊、喉及胸、腹中部白色。下腹和尾下覆羽栗红色。腿黄褐色。主要栖息于河流、湖泊、灌渠、池塘、芦苇沼泽、湿生草地及水田中。常单只活动,性机警、隐蔽,善于步行、奔跑及涉水,少飞翔,繁殖期鸣声似"苦恶—苦恶",因此而得名。杂食性,营巢于水域附近的灌木丛和草丛。除西部外,分布于全国各地。

黑水鸡 Common Moorhen *Gallinula chloropus*

中型黑白相间的水鸡，体长约31 cm。通体以黑褐色为主，仅额顶与喙基部亮红色，两胁及尾下覆羽白色。喙端黄色，腿青绿色。栖息于灌木丛、蒲草、苇丛、水渠和水稻田中，善潜水，多成对活动，以水草、鱼虾和各种水生昆虫等为食。营巢于水边浅水处芦苇丛中或杂草上，巢甚隐蔽，呈碗状，主要由枯芦苇和草构成。全国各地均有分布。

白骨顶 Common Coot *Fulica atra*

大型水鸡，体长36~39 cm。通体黑灰色，仅喙和额甲白色，虹膜红褐色，次级飞羽末端白色，飞行时可见。喜栖息于有水生植物的大面积明水面水域，善游泳，能潜水捕食鱼虾和水草，游泳时尾部下垂，头前后摆动，憨态可掬。飞行速度缓慢，距水面不高。杂食性，但主要以植物为食，也吃昆虫、蠕虫、软体动物等。全国各地均有分布。

鹤科 Gruidae

白鹤 Siberian Crane *Grus leucogeranus*

较大型，颜色素雅的白色鹤，有"修女鹤"美誉，体长约 140 cm。喙橘黄色，脸部裸皮猩红色，脚肉红色。飞行时黑色初级飞羽与洁白的体羽对比鲜明。典型的沼泽湿地鸟类，主要取食水生植物的地下根茎或嫩芽，也捕食少量鱼、虾和螺类。具长途迁徙习性，迁徙期多集成大群在固定的停歇地停留数周到月余。分布于东北、长江中下游的湖泊。

白枕鹤 White-naped Crane *Grus vipio*

大型鹤类，体长约 150 cm。成鸟前额、头顶前部、眼先和脸侧裸皮红色；喉、枕部、颈背白色；初级飞羽黑色，体羽余部为不同程度的灰色。栖息于森林、草原生境中的湖泊、河流分布芦苇地的沼泽地带。非繁殖季以家族群形成较大的种群，活动于湿地和收割后的农田。分布于东北、长江下游地区。

蓑羽鹤 Demoiselle Crane
Grus virgo

体型是鹤类中最小的，体长 68~105 cm。长长的胸前黑色蓑羽与背部蓝灰色蓑羽是其区别于其他鹤类的典型特征。白色额顶和耳羽簇与黑色的头、颈和胸蓑羽成鲜明对比，飞翔时黑色飞羽端与灰色体羽亦对比鲜明。喜栖于干草原、草甸和沼泽等地，一般不与其他鹤类合群。杂食性，以水生植物和昆虫为食，也兼食鱼、蝌蚪、虾等。在东北、内蒙古西部、新疆繁殖，在西藏南部越冬。

丹顶鹤 Red-crowned Crane
Grus japonensis

著名大型鹤类，体长约150 cm。体羽洁白，头顶部裸露皮肤朱红色。头颈、喉黑色，眼后至头枕白色。飞羽多呈黑色。生活习性与其他鹤类相似。每当清晨和傍晚常引颈高鸣，迈着有节奏的步伐翩翩起舞，鸣声嘹亮悠扬，能传至数公里。繁殖于东北地区，越冬于东南部地区。

灰鹤 Common Crane *Grus grus*

体型大，体长约110 cm，普通鹤类。通体灰色，头和前颈黑色，眼后具一白色带一直到颈侧，头顶裸露皮肤暗红色。尾羽大部分黑色，腿亦黑色。栖息于不远离水源的森林、沼泽、草原、湿地等。繁殖期成对生活，越冬期可结成较大的群。多在早晚觅食植物嫩芽、种子、谷物、软体动物等。性胆小，结大群飞行时多排成"人"字形或"一"字形。繁殖于东北、新疆西部地区，在繁殖地以南大部分地区越冬。

黑颈鹤 Black-necked Crane *Grus nigricollis*

大型灰白色鹤，体长约150 cm。典型特征为头、颈黑色，头顶裸出，鲜红色，眼后具一白斑。三级飞羽黑色，延长呈弓形，覆于尾上，尾羽黑色。世界唯一一种栖息于高原地区的鹤类，喜栖息于高海拔的湖泊、沼泽和草甸。性机警，难以接近，以植物性食物为食，喜食马铃薯、蚕豆和青稞等作物，也吃少量的动物性食物。主要繁殖于青海、西藏和四川等地，越冬于西藏南部、贵州、云南等地。

鸻形目 CHARADRIIFORMES

蛎鹬科 Haematopodidae

蛎鹬 Eurasian Oystercatcher
Haematopus ostralegus

大型鹬，体长 40~47 cm。眼睛红色，红色的喙长直，末端钝，体羽除两胁、腹和尾下覆羽为白色外，其他皆为黑色。脚粉色。多在礁石型海滩和海岛上取食，喜欢牡蛎等软体动物。迁徙在海滩上集群活动。繁殖于东北沿海、山东和浙江的海岛、新疆，越冬于东南和华南沿海和台湾。

鹮嘴鹬科 Ibidorhynchidae

鹮嘴鹬 Ibisbill
Ibidorhyncha struthersii

大型灰、黑和白色鹬，体长 39~41 cm。喙和腿红色，喙长且下弯。具黑白色的胸带，将灰色的上胸与其白色的下部隔开。翼下浅色，飞行时翅中心具大片白斑。栖息于荒凉环境中清澈、多石、流速快的河流。炫耀时姿势下蹲，头前伸，黑色顶冠的后部耸起。分布于西北、西南、华北。

反嘴鹬科 Recurvirostridae

黑翅长脚鹬 Black-winged Stilt *Himantopus himantopus*

中型鹬，体长 35~40 cm。喙黑色而直，淡红色的腿极长，区别于其他鹬类。雄鸟繁殖期头和颈部具黑色斑块，背部暗绿色具光泽，前额、颈和身体余部白色。雌鸟颜色较为暗淡。从沿海浅滩到内陆湿地均可见到，繁殖期做简单的地面巢。分布于全国各地。

反嘴鹬 Pied Avocet *Recurvirostra avosetta*

体型修长，体长 42~46 cm，黑白分明。喙黑色，前端尖而上翘，头顶至后颈、翼尖黑色，翼上及肩侧具黑色斑块，腿青色。觅食时，喙在水中左右扫动，姿态奇特。喜欢在沿海湿地浅水区觅食，尤其喜欢盐田、虾池，而且能在水中游泳。繁殖于新疆、内蒙古、东北地区，迁徙时经过东部地区，越冬于华中、华南及东南地区。

鸻科 Charadriidae

凤头麦鸡 Northern Lapwing
Vanellus vanellus

体型中等略大，体长约30 cm，黑白色麦鸡。具狭长前曲的黑色凤头，上体具黑绿色金属光泽。具宽阔的黑色胸带，下体及尾部白色，尾具较宽的黑色次端斑。飞行时翅膀宽阔，翼下黑白对比明显。喜欢湿地和农耕地，成群活动。繁殖于北方大部分地区，越冬于南方各地。

灰头麦鸡 Grey-headed Lapwing
Vanellus cinereus

体型中等偏大，体长约35 cm。喙亮黄色，先端黑色，头、喉和胸部多为灰色，黑色胸带较窄。上体棕褐色，下体白色。尾部具白色狭窄的黑色次端斑。腿黄色。栖息于开阔的淡水湿地，如河滩、稻田和沼泽地。繁殖期发现危险时会在巢区上方盘飞，并发出响亮的警告声。除西部新疆、西藏外，分布于全国各地。

金鸻 Pacific Golden Plover
Pluvialis fulva

体型较大，体长23~26 cm。腿长而苗条，站姿较直。繁殖期两颊、喉、颈、腹黑色，白色额基向两侧与眉纹相连。背部黑褐色，并杂具金黄色和浅棕白色斑点。非繁殖期，颊、喉、胸黄色，并杂具浅灰褐色斑纹，下体灰黄色。亚成鸟全身黄色，但颈、胸、腹部具黑褐色细横纹。栖息于开阔苔原，迁徙时常见于草地水域、沿海滩涂及机场。分布于全国各地。

灰鸻 Grey Plover
Pluvialis squatarola

体型较大，体长27~31 cm。腋下、喙和腿黑色，繁殖期脸、前颈、胸和腹黑色，与背隔以一道宽白边。上背银灰色及白色点斑，尾及尾下覆羽白色。非繁殖期腹部灰白，具纵纹。栖息于海岸、泥滩、沙滩和河口。分布于中部、东部地区。

长嘴剑鸻 Long-billed Plover
Charadrius placidus

体型较大，体长 19~21 cm，具白色领圈。喙黑长，额基、颊、喉、前额白色，头顶前部具黑色带斑，耳羽褐色，上体灰褐色，后颈的白色领环延至胸前，其下部具一细窄的黑色胸带，下体余部白色。脚土黄色或肉黄色。非繁殖羽颜色较淡。多见于河边的多砾石地带，迁徙时或见于湿地或水田。除西北外，分布于全国大部分地区。

金眶鸻 Little Ringed Plover
Charadrius dubius

体型较小，体长约 16 cm。喙黑色、短小。具金黄色眼圈。额基具黑纹，并经眼先和眼周伸至耳羽形成黑色过眼纹，前额、眉纹白色；具完整的黑色领环，上体棕褐色，下体白色。飞行时没有白色翼带。常见于沿海溪流、内陆湿地及河流的沙洲。分布于全国各地。

环颈鸻 Kentish Plover
Charadrius alexandrinus

体型小，体长 15~17 cm，褐色或白色的鸻。喙短，飞行时能观察到翼上具白色横纹，尾羽外侧更白，腿黑色。无论年龄、性别，黑色胸带不完整。雄鸟胸侧具黑色斑，雌鸟胸侧为褐色斑块。单独或成小群进食，常与其余涉禽混群于海滩或近海岸的多沙草地，也活动于沿海河流及沼泽地。繁殖于西北、华北、南方大部分地区。

● 蒙古沙鸻（非繁殖羽）

蒙古沙鸻 Lesser Sand Plover
Charadrius mongolus

体型中等，体长约 20 cm，色彩明亮的鸻。喙短而纤细，繁殖期，黑色过眼纹从眼先至耳部，后颈与胸部棕红色，有时向两胁延伸，上体灰褐色，喉、颏、前颈、下体白色。非繁殖期，黑色部分转为灰褐色，胸部红棕色变为灰白色。迁徙时集大群在沿海泥滩或沙滩活动。繁殖于新疆和内蒙古，迁徙时经过东部沿海地区。

铁嘴沙鸻 Greater Sand Plover *Charadrius leschenaultii*

　　体型中等，体长约23 cm，灰、褐及白色的鸻。喙长较厚。胸部具棕色横纹，脸部具黑色斑纹，前额白色。喜沿海泥滩及沙滩，与其他涉禽尤其是蒙古沙鸻混群。除西藏、云南外，全国各地均可见。

● 铁嘴沙鸻（繁殖羽雌鸟）

● 铁嘴沙鸻（繁殖羽雄鸟）

彩鹬科 Rostratulidae

● 彩鹬（雄）

彩鹬 Greater Painted Snipe
Rostratula benghalensis

体型小，体长约24 cm。具宽阔的白眼圈、眼纹，顶纹黄色。胸至肩部具一"V"字形白色斑。雌鸟的喉、颈和胸为棕红色。雄鸟颜色则较为黯淡。飞行时翼上和尾羽上密布浅色椭圆形斑。栖息于稻田和浅水沼泽草地。行走时上下摆尾，受惊后快速走入草丛中躲藏。除黑龙江、宁夏、新疆外，见于全国各地。

● 彩鹬（雌）

水雉科 Jacanidae

水雉 Pheasant-tailed Jacana *Hydrophasianus chirurgus*

体型中等，体长39~58 cm，雌雄相似。头部洁白，具细长的黑色颈纹，后颈部具明亮黄色斑。上体、胸和腹均为褐色。飞行时翼大部分为白色，最外侧三枚飞羽黑色。喜欢在小型池塘和湖泊中活动，将卵产在芡实、菱角等水生植物的叶子上。繁殖行为两性倒换，孵卵和育雏完全由雄鸟负责。主要繁殖于南方各地。

鹬科 Scolopacidae

丘鹬 Eurasian Woodcock *Scolopax rusticola*

体型大而肥胖，体长33~35 cm。两眼位于头上方偏后，黄褐色喙长而直，头灰褐色，头顶至枕后具3~4块暗色横斑。上体锈红色，杂有黑色、灰白色、灰黄色斑，下体满布细横纹。飞行看似笨重，翅较宽，腿短。栖息于潮湿的低地或山丘落叶混合林地，但冬天可能移至海拔更低的溪流或干草地。分布于全国各地。

扇尾沙锥 Common Snipe *Gallinago gallinago*

中型涉禽，体长 23~28 cm。喙长且直，与头长之比约为 2:1。体色以棕黄色为主，头顶具金黄色和黑色的长宽纵纹，背部羽毛亦具宽的金黄色边缘，从背面观，形成金黄色纵纹。胸部皮黄色，具黑色短横纹，与白色腹部形成鲜明对比。受惊吓飞行时常发出高频、短促的叫声，能够清楚地看到飞羽外缘的白边，锯齿形飞行姿势也很有特点。喜欢栖息于稻田、沼泽。繁殖于东北和新疆北部，越冬于华南和西南。

黑尾塍鹬 Black-tailed Godwit *Limosa limosa*

体型中等，体长 37~42 cm。喙长而直，基部粉色，端部黑色。胫部较长，飞行时可见白色翼带，黑色的尾羽和白色的腰部对比明显。繁殖羽红色耀眼，下体白色，具黑色的浓密横斑。腿较长。多集群活动，取食时将长喙探入泥中。见于沿海湿地，内陆地区也较常见。繁殖于新疆及内蒙古北部，迁徙时经过我国大部分地区。

斑尾塍鹬 Bar-tailed Godwit *Limosa lapponica*

大型涉禽,体长37~41 cm。喙略向上翘,上体具灰褐色斑块,具显著的白色眉纹,下体胸部显灰色。尾羽具黑白相间横纹,腿长。栖息于潮间带、河口、沙洲及浅滩。进食时头部动作快,大口吞食,头深插入水。分布于东部和南部沿海地区。

小杓鹬 Little Curlew *Numenius minutus*

纤小型皮黄色杓鹬,体长约30 cm。喙短、下弯,长度约为头长的1.5倍。头部淡黄褐色,头顶具黑色纵纹,过眼纹明显。背、肩和翼上覆羽黑褐色并具淡黄色羽缘。腰无白色。喜欢干燥、开阔的内陆及草地,极少至沿海泥滩。迁徙时经过东部沿海地区。

中杓鹬 Whimbrel
Numenius phaeopus

偏小型杓鹬，体长40~46 cm。喙长且下弯，喙长约为头长的2倍。头部黑褐色，具西瓜皮样花纹。白色眉纹宽阔，穿眼纹灰褐色，上体黑褐色，点缀黄色或白色杂斑，下背和腰白色；下体污白色，胸部多黑褐色纵纹，体侧具粗横纹。喜沿海泥滩、河口潮间带、沿海草地、沼泽及多岩石海滩，通常结小至大群，常与其他涉禽混群。迁徙时常见于我国大部分地区，尤其于东部沿海的河口地带。

白腰杓鹬 Eurasian Curlew *Numenius arquata*

大型涉禽，体长48~57 cm。体色以棕色为主，喙很长且下弯，与头长之比约为3∶1，雌性的喙更长，颈部、胸部密布黑色纵纹。尾下及腰部白色，飞起来更加明显，是与大杓鹬显著的区别。常结群或者单个在河口、潮间带等地活动，以无脊椎动物为食，数量较为普遍。繁殖于东北、新疆，迁徙时经过我国大部分地区，在长江中下游、华东、华南等地越冬。

大杓鹬 Eastern Curlew
Numenius madagascariensis

大型涉禽，体长约 63 cm。
体色以褐色为主，比白腰杓鹬
深，甚长且下弯的喙黑色，喙
基红色，头与喙之比约为 4：
1。颈部、胸部密布黑色纵纹，
但腹部及腰部颜色棕色，翼下
具横斑，与白腰杓鹬区别明显。
习性与白腰杓鹬类似，常混于
白腰杓鹬中。迁徙时经过我国
大部分地区。

鹤鹬 Spotted Redshank
Tringa erythropus

中型鹬，体长约 30 cm。喙
黑色且细长，下基部红色。繁
殖期几乎全身黑色，白色眼圈
明显，肩及翼上具白色细横斑。
非繁殖期头至上背灰褐色，白
色眉纹明显，下体灰白色，尾
下覆羽白色。飞行时可见其翼
下为纯白色。过眼纹明显。腿
红而长，飞行时脚伸出尾后较
长。喜鱼塘、沿海滩涂及沼泽
地带。分布于全国各地。

● 鹤鹬（非繁殖羽）

红脚鹬 Common Redshank
Tringa totanus

中型涉禽，体长24~27 cm。体色棕色偏灰。喙粗壮，喙基红色。头长与喙长之比约为1:1，眉纹短而中止于眼。繁殖羽胸腹部具较密的纵纹，但到非繁殖期变得稀疏。飞行起来，可以看到背部白色的长椭圆形区和翅膀上宽阔的白色后缘区域，这些构成与鹤鹬有显著的区别。脚红色。喜欢集大群栖息于盐田、沼泽、鱼塘、沿海滩涂。全国各地均有分布。

泽鹬 Marsh Sanderpiper
Tringa stagnatilis

体型高挑、颜色较淡的鹬，体长22~25 cm。黑色的喙细、直、尖。繁殖期翅上具黑色斑，胸前密布纵纹；非繁殖期体色较淡，胸前干净。飞行时可见从背部延伸到尾部的白色。腿长而偏绿色。与白腰草鹬比，喙、脚更细长。与青脚鹬比，体型较小。泽鹬多在淡水沼泽、潮间带集小群活动。繁殖于欧亚大陆北部，迁徙时经过我国大部分地区。

青脚鹬 Common Greenshank
Tringa nebularia

高挑偏灰色的鹬，体长30~34 cm。喙长，较粗并微微向上翘。颈部、背部、前胸密布纵纹。繁殖期背部具黑色斑。飞行时可见白色斑块从背部延伸到尾部，尾端具稀疏的横斑。腿修长，黄绿色。青脚鹬喜欢结成松散的群体，在各类湿地生境中活动，捕食昆虫、软体动物甚至鱼类。叫声为悦耳动听的笛声"丢，丢"。繁殖于欧亚大陆北部，迁徙至长江以南地区越冬。

白腰草鹬 Green Sandpiper
Tringa ochropus

常见的小型鹬类，体长20~23 cm。喙长而尖，端黑色，基暗绿色。灰色上体点缀着白色斑点，下体及腰白色，尾上具粗的黑色横斑。容易与林鹬混淆，区分特征是本种的眉纹不过眼，翼下色深，脚色深绿。各种生境下常见，常单独活动，喜上下摇尾。繁殖于欧亚大陆北部，迁徙时经过我国大部分地区，长江以南地区也有越冬的个体。

林鹬 Wood Sandpiper
Tringa glareola

体型修长的鹬，体长18~21 cm。喙黑色，短而直，白色的眉纹从喙基延伸至耳后，以其背部的白色斑点而著称，因此也称为鹰斑鹬。与白腰草鹬相比，白色眉纹过眼，体色更深，胸前纵纹较多，脚色偏黄色。于各种生境下常见，也喜欢稻田，喜结群。在内蒙古、东北为繁殖鸟，迁徙时全国各地可见。

翘嘴鹬 Terek Sandpiper
Xenus cinereus

中型鹬类，体长22~25 cm。长而上翘的喙使其外观别具特色，喙基暗黄色与前端的黑色成为显著对比。体色类似于白腰草鹬，灰色更浓。具白色眉纹，眼后变得细而模糊。繁殖期在肩角部具黑色斑块，背上亦具黑色条状斑。飞行时翼上具狭窄的白色外缘。喜欢单独或成对在沿海泥滩上活动，捕食时奔跑迅速。繁殖于欧亚大陆北部，迁徙时经过我国大部分地区。

矶鹬 Common Sandpiper
Actitis hypoleucos

矮小敦实的鹬,体长18~20 cm。体色素雅,辨认特征是白色肩羽。飞行时可见白色翼带,腰无白色,翅下白,构成与白腰草鹬的主要区别。在各种生境下常见,常单独活动,喜点头和上下摇尾。飞行时振翅动作僵硬。繁殖于东北及西北地区,越冬于江淮以南地区。

翻石鹬 Ruddy Turnstone *Arenaria interpres*

中型鹬,体长约 23 cm,短小结实。喙黑色,短而尖。繁殖期腿为鲜艳的橘红色,脸部黑白相间,似京剧脸谱,胸部亦具粗大的黑色纹,背部橘红色具黑色纹。喜欢结小群在沿海沙滩、泥滩甚至岩石海岸边活动,奔跑迅速,用喙来翻动小石子,寻找甲壳类、贝类为食,因此而得名。繁殖于北半球高纬度地区,迁徙时见于我国沿海地区。

大滨鹬 Great Knot *Calidris tenuirostris*

体型中等，体长约 27 cm。喙较长且厚，喙端微下弯。上体颜色深具模糊的纵纹。头顶具纵纹。腰及两翼具白色横斑。喜潮间滩涂及沙滩，常结大群活动。迁徙途经东部沿海。在海南岛、广东及香港为冬候鸟。

红腹滨鹬 Red Knot *Calidris canutus*

中型鹬类，体长 24 cm。深色的喙短且厚。繁殖期自面部、前颈、胸及上腹部为鲜艳的栗红色。翅在折合时基本与尾平齐。上体各羽的中央区域黑色，边缘土黄色或白色。非繁殖期上体灰褐色，密布暗色斑纹。下体白色。飞羽黑褐色，大覆羽与内侧初级覆羽末梢白色，形成白色翼线。翼下覆羽灰白色。飞行时脚后伸不超过尾。喜沙滩、沿海滩涂及河口。常结大群活动，与其他涉禽混群。迁徙时经过东部、南部沿海地区。

三趾滨鹬 Sanderling
Calidris alba

小型灰色鹬类，体长 20~21 cm。厚而短的喙，黑腿，肩角黑色，飞行时翅上具白纹，中央尾羽暗，两侧白色。栖息于海岸沙滩，集群。除黑龙江、内蒙古、四川和云南外，见于全国各地。

红颈滨鹬 Red-necked Stint
Calidris ruficollis

小型以灰色为主色调的滨鹬，比环颈鸻还要小，体长 13~16 cm。喙、腿黑色。繁殖羽色彩鲜艳，脸部、颈部及上胸部橙红色，翅上羽毛也具橙色斑块。非繁殖期，上体色浅而具纵纹，眉纹白色，下体白色。栖息于沿海滩涂，结大群活动，常与小型鸻类混群，活跃而敏捷地行走或奔跑。繁殖于西伯利亚东部地区，迁徙时经过我国东部及中部地区，部分也在华南沿海地区越冬。

青脚滨鹬 Temminck's Stint *Calidris temminckii*

小型矮壮的灰色滨鹬，体长 13~15 cm。喙黑色，脚黄绿色，眉纹不明显。下体白色。繁殖期头顶至颈后灰褐色，染黄栗色，具暗色条纹；体暗灰褐色，多数羽毛具栗色羽缘和黑色纤细羽干纹；颈、上胸淡褐色，具暗色斑纹。非繁殖期头、颈、胸、背部均为灰色，但黑褐色羽干纹明显。喜内陆淡水湿地，但偶尔见于沿海泥地与其他滨鹬混群。分布于全国各地。

长趾滨鹬 Long-toed Stint *Calidris subminuta*

小型灰褐色滨鹬，体长约 14 cm。头顶褐色，白色眉纹明显。上体具黑色粗纵纹，胸浅褐灰，腹白，腰部中央及尾深褐，外侧尾羽浅褐色。腿绿黄色。喜沿海滩涂、小池塘、稻田及其他的泥泞地带。迁徙时见于全国各地。

尖尾滨鹬 Sharp-tailed Sandpiper
Calidris acuminata

体型略小，体长约 29 cm。喙短，略下弯。棕色头顶，下体具粗大的黑色纵纹。腹白；尾中央黑色，两侧白色。栖息于沼泽地带及沿海滩涂、泥沼、湖泊及稻田。繁殖于西伯利亚，越冬于大洋洲，迁徙途经我国东北、沿海地区。

阔嘴鹬 Broad-billed Sandpiper *Calidris falcinellus*

体型略小，体长 16~18 cm。黑色的喙粗壮且明显较长，喙先端突然下弯。繁殖期头部棕黑褐色，两侧的白色线条在眼先与宽眉纹汇合，形成白色的双眉纹。肩和背黑褐色，各羽缘具黄褐色或灰白色；胸部暗色斑纹。性孤僻，喜潮湿的沿海泥滩、沙滩及沼泽地区。途经新疆西部、东部沿海地区至台湾、海南及广东沿海地区越冬。

弯嘴滨鹬 Curlew Sandpiper
Calidris ferruginea

略小型滨鹬，体长约 21 cm。喙长而下弯。繁殖羽胸部及通体体羽深棕色，颏白。非繁殖期上体大部灰色几无纵纹；下体白；眉纹、翼上横纹及尾上覆羽的横斑均白。栖息于沿海滩涂及近海的稻田和鱼塘，潮落时跑至泥里翻找食物，休息时单脚站在沙坑。除贵州外，全国各地均可见。

● 弯嘴滨鹬（繁殖羽）

黑腹滨鹬 Dunlin *Calidris alpina*

小型偏灰色滨鹬，体长约 19 cm。具一道白色眉纹，喙端略有下弯，尾中央黑而两侧白。繁殖羽为胸部黑色，上体棕色。喜沿海及内陆泥滩，单独或成小群，常与其他涉禽混群。全国大部分地区可见。

三趾鹑科 Turnicidae

黄脚三趾鹑 Yellow-legged Buttonquail *Turnix tanki*

体型比鹌鹑略小，体长约16 cm。喙和脚黄色。上体黑褐色和栗黄色相杂，翼上覆羽、肩羽具黑色斑点和横斑，胸部中央皮黄色。雌鸟羽色较鲜艳。喜栖息于草丛、灌丛、沼泽及农耕地，尤喜稻茬地。性畏人，善隐蔽，以植物种子和软体动物为食。繁殖期常为争夺雄性而争斗。除西北地区外，见于全国各地。

燕鸻科 Glareolidae

普通燕鸻 Oriental Pratincole *Glareola maldivarum*

中型燕鸻，体长约25 cm。喙部宽短，基部红色。上体浅棕褐色，颏及喉部皮黄色，具黑色领圈。腹羽灰色，腋羽及翼下覆羽栗色，叉尾浅，上黑下白，飞行时似燕鸥。栖息于湿地生境，喜欢在湿润的草地区域活动，捕食昆虫和软体动物。迁徙时除新疆外，见于全国各地。

鸥科 Laridae

棕头鸥 Brown-headed Gull *Chroicocephalus brunnicephalus*

● 棕头鸥（非繁殖羽）

中型鸥，体长 41~45 cm。繁殖期头部深棕色，背灰色，初级飞羽基部具大块白斑，带白色斑点的黑色翼尖为本种的辨识特征。身体余部均为白色。非繁殖期成鸟头部白色。喙和腿均为暗红色。多栖息于内陆湿地，也会在沿海出海。集群繁殖。繁殖于青海、西藏和新疆的内陆湖泊。

红嘴鸥 Black-headed Gull *Chroicocephalus ridibundus*

● 红嘴鸥（非繁殖羽）

中型鸥，体长约 40 cm。体色以白色为主，背部灰色，喙及脚红色。繁殖期具深棕色头罩，眼周具细的白色圈；非繁殖期头白色，眼后具黑色点斑，喙尖黑色。前几枚飞羽白色明显，翅外缘黑色。为我国内陆及沿海地区最常见的一种鸥类，几乎遍布各种湿地生境。繁殖于北方湿地，越冬于南方地区。

黑嘴鸥 Saunders's Gull
Saundersilarus saundersi

小型鸥，体长约 32 cm。体羽均似红嘴鸥，头具黑帽，粗短的喙为黑色。具清晰的白色眼圈，腿为黑色。翼下初级飞羽具黑色斑点，最外侧初级飞羽白色，飞行时显著。栖息于沿海滩涂，多在水线附近活动。常成群活动，飞行姿势轻盈。集群繁殖。繁殖于辽宁、山东和江苏，越冬于浙江以南沿海地区。

渔鸥 Pallas's Gull *Ichthyaetus ichthyaetus*

硕大型鸥，体长 60~72 cm。繁殖期头黑色，喙黄色且极为厚重，上下眼睑白色。背和翼浅灰色，外侧初级飞羽黑色，最外侧两枚具白色斑，身体余部均白色。非繁殖期头部黑色变淡。栖息于大型湖泊、河流和内海。集群繁殖。多见于青藏高原和内蒙古，偶见于东部沿海地区。

● 渔鸥（繁殖羽）

黑尾鸥 Black-tailed Gull *Larus crassirostris*

体型大，体长约47 cm。背部深灰色。喙黄色，尖端具红、黑两色。腰白色，所有年龄的个体尾部都具宽阔的黑色次端斑。脚黄色。由于虹膜黄色，样子看上去很凶恶。叫声"咪咪"似猫，因此也有"海猫"的俗称。繁殖于亚洲东部沿海多岩石的岛屿上，我国山东、浙江、福建沿海的岛屿上也有数量可观的繁殖种群，越冬于我国沿海地区。

普通海鸥 Mew Gull *Larus canus*

中型鸥，体长约45 cm。喙和脚黄色。上体和翼覆羽浅灰色，最外侧几枚初级飞羽黑色带白色斑块。冬季头及颈具黑色细纹。喜集群，见于淡水湿地，有时也在沿海滩涂出现。为冬候鸟。

鸥嘴噪鸥 Gull-billed Tern *Gelochelidon nilotica*

　　中型燕鸥，体长 33~43 cm。喙黑色，短粗。繁殖期头部黑色，上体浅灰，下体白色。成鸟冬羽头部白色，具黑色过眼斑。白色的叉尾狭而尖。栖息于内陆湿地、沿海泻湖、河口和滩涂。见于新疆、内蒙古和东部沿海地区。

红嘴巨燕鸥 Caspian Tern *Hydroprogne caspia*

　　大型燕鸥，体长约 52 cm。喙粗长，红色且端黑。冠羽黑色，冬羽白具纵纹。上体灰色，飞时内侧翅尖偏深。脚黑色。栖息于各种开阔水域。见于沿海及内陆水域。

白额燕鸥 Little Tern *Sternula albifrons*

甚小型燕鸥，体长21~25 cm，几乎只有普通燕鸥的1/2。灰白色体羽，脚及喙黄色，喙前端黑色。繁殖期头顶黑色并延伸到颈部，眉纹黑色，前额白色。非繁殖期喙黑色，额部的白色区域更多。常在开阔水面上活动，以快速地扇动翅膀使身体悬停在空中，伺机扎入水中捕鱼。以松散群体繁殖于沙滩、沿海草地、湖泊等地。繁殖于我国大多数地区。

普通燕鸥 Common Tern
Sterna hirundo

略小且典型的燕鸥，体长34~37 cm。喙和脚红色，翅长，尾深叉形。繁殖期头顶黑色，翼及背极浅灰色，尾和腰白色。非繁殖期仅后头及枕部黑色，额白。飞行时显得甚为轻盈但振翅有力，叫声沙哑。在地面上做极为简陋的巢，捕食时常从高处俯冲到水中上抓鱼。繁殖于北半球高纬度地区，青藏高原也有繁殖的种群，越冬区几乎遍布低纬度所有适宜地区。

灰翅浮鸥 Whiskered Tern
Chlidonias hybrida

略小型鸥，体长 24~28 cm。相比于燕鸥类，其尾部开叉较浅。脚和喙红色。繁殖期时胸腹部深灰色，额及头顶黑色。非繁殖期时额部白色，头顶后及颈后黑色，下体白色。翼、颈背、背及尾上覆羽灰色。小群活动，相比于燕鸥类，其振翅较慢，捕食时并不扎入水中，而是轻轻掠过水面，喜欢在水田上空捕食昆虫，并集群落在电线上休息。除西藏、贵州外，见于全国各地。

白翅浮鸥 White-winged Tern
Chlidonias leucopterus

略小型鸥，体长 22~25 cm。繁殖期成鸟的头、背及胸黑色，与白色翅膀成明显对比。非繁殖羽与灰翅浮鸥相似，区别在于头顶黑色较少，眼后具黑色斑并延伸至眼下，腰白色。习性似灰翅浮鸥，常集大群捕食昆虫。繁殖于东北及新疆西北部，迁徙时经过北方沿海地区，越冬于华南和东南沿海地区。

鹱形目 PROCELLARIIFORMES

海燕科 Hydrobatidae

黑叉尾海燕 Swinhoe's Storm Petrel *Hydrobates monorhis*

　　体型较小，体长 19~20 cm。羽毛呈灰褐色，翼下覆羽及尾羽呈灰黑色，尾呈叉状。常漂浮于海面上，有时在海面上弹跳或俯冲，常栖息于沿海或者岛屿沿岸。分布于我国南北海域。

鹳形目 CICONIIFORMES

鹳科 Ciconiidae

黑鹳 Black Stork *Ciconia nigra*

大型鹳类，体长约 110 cm。喙、腿长而直，为红色。头顶浓褐色，眼周红色。上体黑色，具紫色和绿色金属光泽。下胸和腹部色白色。栖息于开阔平原及山区，喜在沼泽和湿地上活动觅食鱼、蛙、甲壳类和昆虫等。越冬多活动于开阔的平原。从不鸣叫，性机警怕人。分布于东北、西北、华北等地区，越冬于长江下游和华南地区。

东方白鹳 Oriental Stork *Ciconia boyciana*

　　大型鹳类，体长约 120 cm。体羽几乎纯白色。黑色的喙宽而长，眼周及喉部红色。飞羽黑色，脚和腿红色。栖息于开阔的沼泽和潮湿草地。性情宁静而机警，举步缓慢而稳重，常以一足站立，头颈缩成"S"状。从不鸣叫，靠上下喙打动发出响亮的"嗒，嗒，嗒"声，并伴有仰头、低头的动作。飞行时头脚平伸，飞速较慢。主要觅食鱼类、蛙类、爬行类和昆虫。繁殖于东北地区，越冬于长江中下游及东南地区。

鲣鸟目 SULIFORMES

鸬鹚科 Phalacrocoracidae

普通鸬鹚 Great Cormorant *Phalacrocorax carbo*

大型黑色水鸟，体长约85 cm。脸颊及喉白，喙基裸露皮肤黄色。体羽黑色而具闪蓝绿色光泽。繁殖期头后具白色丝状羽，非繁殖期这些特征消失。幼鸟体羽为褐色。栖息于水域生境，在海边较多。游泳时身体仅背部露出水面，颈部直立，喙略微上举，频繁的潜水捕鱼，喜结群活动觅食。休息时近乎直立地站在石头或树枝上，打开翅膀晾晒羽毛。飞行时振翅深且有力，常组成"人"字形队。在北方多为夏候鸟，在南方为冬候鸟或留鸟。

鹈形目 PELECANIFORMES

鹮科 Threskiornithidae

白琵鹭 Eurasian Spoonbill
Platalea leucorodia

大型白色琵鹭，体长约 84 cm。喙灰色而呈板匙状，羽毛全白，仅胸部和冠羽嫩黄色，眼和喙基具一黑色线，冬季冠羽变小。与黑脸琵鹭的区别为体型较大，脸部黑色少，白色羽毛延伸过喙基，喙前端黄色。喜欢泥泞的水塘、湖泊、海滩、芦苇沼泽和河口湿地。结小群在浅水处边左右摆动此状喙，以搜寻食物。主要取食鱼、虾、蟹和水生昆虫等。分布于全国各地。

黑脸琵鹭 Black-faced Spoonbill
Platalea minor

大型琵鹭，体长 60~76 cm，与白琵鹭相似。全身大致白色，黑色的喙长且呈匙状，前额、眼先、眼周及喙基形成黑色区域。腿黑色。飞行时，头和腿会伸直。喜成群站在浅水区，以鱼类为食。休息时一般将喙向后插入翅膀中。分布于我国沿海地区。

鹭科 Ardeidae

大麻鳽 Eurasian Bittern
Botaurus stellaris

粗胖型棕黄色鳽类，体长64~80 cm。喙粗壮。体羽杂以黑色或黑褐色纵纹，顶冠黑色，颈侧具细横斑，颏、喉具一棕褐色纵纹，至胸增至数条。腿黄绿色。喜芦苇生境，具高超的拟态本领。常站立于具枯芦苇边界的水塘边，遇人凝神不动，喙颈垂直向上，散开颈部羽毛，似枯芦苇叶。主要取食鱼、虾、螃蟹等，筑巢于芦苇丛中。除西藏、青海外，见于全国各地。

黄斑苇鳽 Yellow Bittern
Ixobrychus sinensis

最小型皮黄色苇鳽，体长30~40 cm。后颈棕色。上体淡黄褐色，下体皮黄色，飞羽黑色与皮黄色覆羽成鲜明对比。亚成鸟褐色较浓，密布纵纹，两翼及尾亦黑色。栖息于平原和低山丘陵地带的湖泊、河汊等湿地。常单独活动，性安静，以取食鱼类为主。除青海、新疆、西藏外，见于全国各地。

● 紫背苇鳽（雄鸟）

紫背苇鳽 Von Schrenck's Bittern
Ixobrychus eurhythmus

深褐色苇鳽，体型较黄斑苇鳽稍大，体长 32~39 cm。顶冠黑褐色，上体紫栗色，下体棕白色，喉及胸具深色纵纹形成的中线。雌鸟及亚成鸟褐色较重，翼和背杂以白色点斑。性孤僻，多生活于沼泽、河流岸边草地或林间湿地，营巢于草丛或苇丛中，以芦苇折弯铺垫成巢，极简陋。取食鱼、虾及其他水生昆虫。分布于东北至华南各地。

栗苇鳽 Cinnamon Bittern
Ixobrychus cinnamomeus

小型鹭类，体长 40~41 cm，头顶、背和翼栗红色。喉白色略黄，喉至胸部具一褐色纵带，颈侧具白色纵斑。飞羽为红褐色。脚黄绿色。栖息于沼泽周围的草丛中，单独活动，以鱼虾为食，筑巢于草丛中。主要分布于除西北以外地区。

夜鹭 Black-crowned Night Heron *Nycticorax nycticorax*

小型鹭类，体长约 50 cm。眼红色，眼先黄绿色。头顶，上背及肩等处黑绿色，额和眉纹白色，枕后具 2~3 枚白色较长的带状羽。上体余部灰色，下体均白色。常栖息于多水面而有林木的低洼处。夜行性，白天隐蔽于林中或沼泽间。飞翔能力强，迅速且无声。主要以小鱼、蛙及水生昆虫为食。分布于全国各地。

绿鹭 Striated Heron *Butorides striata*

小型鹭类，体长 35~48 cm。体灰绿色，头顶和冠羽黑色且具绿色光泽，背和翅呈蓝灰色，具一黑线从喙角到眼下，脚黄色。飞行时脚向后伸直，颈部后缩。喜栖息于山间溪流、水库边。经常单独活动。一般筑巢于树上。除西部地区外，见于全国各地。

池鹭 Chinese Pond Heron
Ardeola bacchus

小型鹭类，体长约 45 cm。繁殖期头颈栗红色，几条冠羽延伸至头后。前胸赭褐色羽毛端部呈分散状，背部蓑羽黑褐色，其余体羽灰白色。喙黄色，腿黄绿色。非繁殖期无冠羽和黑褐色蓑羽。大多栖息于池塘、稻田、沼泽等处。喜群栖，平时 3~5 只一起涉水觅食。食性与其他鹭类相似。繁殖时与其他鹭类混群在树上营巢。分布于除黑龙江外全国各地。

牛背鹭 Cattle Egret *Bubulcus ibis*

小型且敦实的白鹭，体长 46~56 cm。颈短而头圆，喙短厚，橙黄色。繁殖羽头、颈、胸和背上饰羽橙黄色，余部白色；冬羽全白或额顶略黄。唯一不食鱼而以昆虫为食的鹭类。因其常在牛背上歇息或捕食被家畜惊飞的昆虫而得名。喜栖息于平原或低山脚下的沼泽、荒地和农田等人居环境。分布于全国各地。

苍鹭 Grey Heron *Ardea cinerea*

常见的大型鹭类，体长约 90 cm。喙长黄色。全身青灰色，前额白色，枕部两条黑色冠羽长若辫子。腿黄色。肩羽亦较长，头侧和颈部灰白色，喉下羽毛长如矛状，中央具一黑色纵纹延伸至胸部，其间具黑色条纹或斑点。常活动于沼泽、田边、坝塘、海岸，多结小群一起生活，常在浅水中长时间停立不动，眼盯着水面，发现食物后迅速用喙捕之。食物以蛙、鱼为主。飞行时脚向后伸，颈缩成"S"形，飞速较慢。分布于全国各地。

草鹭 Purple Heron *Ardea purpurea*

大型涉禽，体长 78~90 cm。体型似苍鹭，体羽多灰色、栗色。颏、喉部白色。顶冠黑色并具 2 道冠羽。颈栗红色，颈侧具黑色纵纹。背及覆羽灰黑色，肩羽栗红色。喜稻田和芦苇生境，取食似苍鹭，主要取食鱼类、虾等水生动物。国内分布范围较广，除新疆、西藏、青海外，见于全国各地。在华北、华中地区为夏候鸟，在华南地区为冬候鸟或留鸟。

大白鹭 Great Egret
Ardea alba

大型鹭类，体长约90 cm。全身洁白，繁殖期背部蓑羽长而发达，如细丝般披散至尾部。眼先青蓝色，喙黑色，喙裂超过眼睛。非繁殖期背部蓑羽退去，眼先青蓝色消失，喙变为黄色。栖息于湖泊、沼泽、池塘、河口、水田及海滨等地方。常见单只或数只一起在浅水处觅食。食物以鱼类为主，兼食虾、蛙、蝌蚪、蜥蜴、甲壳动物，偶食幼鸟及小型啮齿动物。分布于全国各地。

中白鹭 Intermediate Egret
Ardea intermedia

中型白鹭，体长56~72 cm。通体白色，夏羽背部具蓬松的蓑羽，下颈具饰羽，喙黑色，脸部裸露皮肤黄色；冬羽无饰羽和蓑羽，喙黄色，尖端黑色。喜稻田、湖畔、沼泽、红树林和沿海滩涂。可与鸥类混群。主要取食鱼、虾。群居繁殖，多筑巢于近水处的大树和灌丛上。除西北、东北北部外，在其他各地多为夏候鸟或冬候鸟。

白鹭 Little Egret *Egretta garzetta*

体态纤瘦而优美的鹭类，体长约55 cm。喙黑色。全身洁白，繁殖时枕部具两条带状长羽，垂在头后。肩及背间着生蓑羽，背上蓑羽松散延长至尾端。繁殖期结束后"辫子"消失。腿黑色，脚趾黄绿色。常栖息于稻田、沼泽、池塘间。捕食鱼、蛙、虾、软体动物等。繁殖期常集群在大树上筑巢，"呱—呱"的叫声十分喧闹。分布于东北、华北及以南地区。

鹈鹕科 Pelecanidae

卷羽鹈鹕 Dalmatian Pelican *Pelecanus crispus*

大型水鸟，体长160~180 cm，体羽白灰，羽冠卷曲，眼浅黄，喉囊橘红色或黄色，脸部裸区粉色，飞羽黑色。栖息于大型湖泊和河流，喜群居，飞行力强。分布于新疆、东部湖泊和沿海等地。

鹰形目 ACCIPITRIFORMES

鹗科 Pandionidae

鹗 Osprey *Pandion haliaetus*

体型较大，体长 55~58 cm。体色黑白，略带褐色。头白色，顶部具纵纹，黑色过眼纹达颈后，胸部具纵纹。翅狭长，滑翔时常呈"M"形。趾长而弯。擅长捕鱼。常停立于近水的高点，也常盘旋于水面之上，发现猎物后快速俯冲入水捕捉猎物。广布于世界各地。分布于全国各地。

鹰科 Accipitridae

黑翅鸢 Black-winged Kite
Elanus caeruleus

体型偏小，体长约 30 cm。体色以灰白色为主，翅端黑色为主要识别特征。红色虹膜及眼周围黑色区域亦为显著特征。喜停立于枯木、电线杆等视野开阔处，擅长悬停，捕食地面上的小型猎物。分布于南方各地，但华北近海平原地区也有记录。

黑冠鹃隼 Black Baza *Aviceda leuphotes*

　　体型偏小，体长 30~35 cm。体色黑白相间。头蓝黑色，喉黑色，上胸白色，头顶冠羽常立起。翅较为短圆。腹部具栗色横纹。栖息于开阔林缘地带，常成对活动，以捕捉大型昆虫为主。分布于中部、华南至西南地区。

高山兀鹫 Himalayan Vulture *Gyps himalayensis*

　　大型猛禽，体长 116~150 cm。成年个体头颈裸露，略覆丝状绒羽，颈部基部具皮黄色领羽。翼下及腹部浅棕色或浅黄色，初级飞羽黑色。翼尖而长，略向上扬。栖息于海拔 2 500~4 500 m 的高山、草原及河谷地区，多单个或结成小群翱翔。以腐肉、尸体为食。分布于西北、青藏高原地区。

秃鹫 Cinereous Vulture
Aegypius monachus

体型巨大，体长约 100 cm。浑身黑褐色，成鸟头部裸露，颈部羽毛松软，常缩脖站立，远看似穿有毛领大衣。飞行时显颈短，两翅极宽大，翅的前缘和后缘近乎平行，初级飞羽"指状"明显，尾短，且呈楔形。起飞时较笨拙需要助跑，一旦升空后借助热气流上升则显得十分悠闲，常展翅在空中长时间翱翔。多取食腐肉。多单独活动。分布于全国各地。

蛇雕 Crested Serpent Eagle *Spilornis cheela*

体型较大，体长 41~76 cm。喙基部至眼周具明显黄色，为重要识别特征。具冠羽。整体深色，具斑驳的点状浅斑。翅下及尾部具白色宽横斑。翼宽而圆，尾较小。栖息于林地，捕捉树上或地面上的小型猎物，善捕蛇。分布于长江以南各地，北方偶有记录。

草原雕 Steppe Eagle
Aquila nipalensis

体型大，体长 72~81 cm。翼展宽阔，整体褐色。喙裂较其他雕类更深。尾上覆羽白色。飞行时两翼平直，在高空滑翔时两翅略弯曲。喜盘旋于草原等开阔地，猎食啮齿类及野兔等小中型哺乳动物。有集群迁徙习性。繁殖于蒙古高原及新疆、中亚北部地区，越冬于南方地区。

金雕 Golden Eagle
Aquila chrysaetos

巨大型且强壮的雕类，体长约 85 cm。喙粗壮。远观整体几乎为黑色，实际上为较深的褐色，因颈后羽毛金黄色而得名。翼展宽阔，初级飞羽甚长，尾长而圆。滑翔时呈浅"V"字形。幼鸟尾羽基部大面积白色，翅下也具白色斑，随着年龄增长白色区域逐渐减小，成熟后几乎不显。主要栖息于山区及丘陵生境，常借助热气流在高空展翅盘旋。适宜生境国内都有分布。

凤头鹰 Crested Goshawk *Accipiter trivirgatus*

体型中等，体长 37~46 cm。具短凤头，脸部具深色髭纹，粗喉中线，与白色喉部呈鲜明对比。背部褐色，腹部色稍浅。成鸟胸部具粗纵纹，腹部具粗横纹，腰部具大团蓬松的白色羽毛。亚成鸟胸部纵纹细，腹部斑纹为菱状，腰部白色羽毛不明显。翅较短圆，翅后缘突出。栖息于较浓密的林地，善在林间捕食。分布于河南以南地区。

赤腹鹰 Chinese Sparrowhawk *Accipiter soloensis*

● 赤腹鹰（雄）

● 赤腹鹰（雌）

体小型，体长 26~36 cm。胸和上腹棕色，没有明显横纹，翼下覆羽和下腹白色，翼尖黑色。背面灰蓝色，尾羽灰黑色，尾下覆羽白色。喜活动于稀疏林区。捕食动作快，有时在上空盘旋。除西北、西藏外，分布于全国各地。

日本松雀鹰 Japanese Sparrowhawk *Accipiter gularis*

体型小但粗壮而紧凑，体长约 27 cm。头部比例较其他鹰大，尾较短而方，翅短圆，五翼指。雄鸟背部灰色，腹部淡红色具深褐色细横纹，脸颊灰色，虹膜红色。雌鸟背部褐色，腹部基本白色，且横纹较雄性粗，虹膜黄色。雌雄皆具明显可见但较细的喉中线。振翅迅速而有力。栖息于林地。集群迁徙。繁殖于东北地区，越冬于南方各地。

雀鹰 Eurasian Sparrowhawk *Accipiter nisus*

外形似苍鹰但较小且细瘦，体长约 40 cm。跗跖很细，脚趾也显得细长，整体偏褐色，下体满布深色横纹，头部具白色眉纹；雄鸟较小，体长约 32 cm，上体灰褐色，下体具棕红色横斑，脸颊棕红色。翼短圆而尾长。为常见的森林鹰类，喜活动于林缘及开阔林地，飞行迅速，在空中盘飞时常收拢尾巴，翅前缘弯曲较大，整体远观像个"T"字。繁殖于东北、华北北部及西南部分地区，越冬于全国大部分地区。

苍鹰 Northern Goshawk
Accipiter gentilis

大型且强健的鹰类，雄鸟较小，雌鸟体长约 60 cm。成鸟上体青灰色，下体具棕褐色细横纹，白色眉纹和深色的过眼纹对比十分强烈。幼鸟黄褐色，下体具深色的粗纵纹，眼睛黄色。翅宽尾长，在高空盘飞时常半张开尾巴，两翅前缘显得较平直，翼后缘弯曲，且翅尖较雀鹰显尖细。活动于林地，飞行迅速，捕食中小型鸟类和小型兽类。繁殖于东北北部山区林地，迁徙时经过东部地区，越冬于南方地区。

白腹鹞 Eastern Marsh Harrier
Circus spilonotus

体型中等，体长 47~55 cm。色型多样。雄鸟头颈部与翼尖为黑色或灰褐色，深色颈部与白色胸部亦无明显界线。雌鸟整体褐色且具明显纵纹。喜低空巡航于多挺水植物的沼泽湿地或水边开阔地上空，捕食地面或水面猎物。分布于全国各地。

白尾鹞 Hen Harrier
Circus cyaneus

体型中等，雄鸟体长约 45 cm。整体青灰色，下体偏白，翅尖黑色，容易辨认；雌鸟稍大，通体褐色，下体满布深色纵纹，腰部白色十分突出，飞行时特别明显。通常栖息于原野、沼泽及农田等开阔生境，常贴着草丛低飞，

● 白尾鹞（雄）

并低头寻找猎物。因翅和尾都很长，所以飞行时看上去显得很大，但实际上身躯非常纤细，这也是鹞类共有的特征。仅取食一些鼠类和小鸟。繁殖于东北和西北地区，在南方为冬候鸟。

● 白尾鹞（雌）

鹊鹞 Pied Harrier
Circus melanoleucos

体型小，体长约 42 cm。头及背部黑色，翼上覆羽白色。雄鸟体羽黑、白及灰色；头、喉及胸部黑色而无纵纹为其特征。雌鸟上体褐色沾灰并具纵纹，腰白色，尾具横斑，下体皮黄色具棕色纵纹；飞羽下面具近黑色横斑。在开阔原野、沼泽地带、芦苇地及稻田的上空低空滑翔。繁殖于东北地区，南下至华南及西南地区越冬。

黑鸢 Black Kite *Milvus migrans*

体型中等，体长 55~60 cm。棕色或黑褐色，翅狭长，初级飞羽甚长且滑翔时明显上弯。叉状尾为显著特征。喙较粗大。见于东部的亚种翅下具显著大块白色斑，耳羽黑色。活动于开阔地带，喜停立于铁丝网柱等相对高处。以捕食啮齿类或蜥蜴为主，部分地区个体善捕鱼，同时具腐食习性，常在垃圾堆中觅食，故常见于很多城市。部分种群大规模集群迁徙。分布于全国各地。

灰脸鵟鹰 Grey-faced Buzzard *Butastur indicus*

体型中等，体长约 45 cm。整体棕褐色至棕红色，下体色浅，亚成鸟颜色较灰暗。翅下具褐色罗纹，胸部及上腹部密布褐色横纹，脸灰色，喙及脚黄色。具明显粗喉中线，与白色喉部呈鲜明对比。飞行缓慢而沉重。栖息于开阔林地，捕食大型昆虫及蜥蜴，偶尔捕食啮齿类和小鸟。集大群迁徙。筑巢于地面。繁殖于东北亚地区，越冬于南方各地。

毛脚鵟 Rough-legged Hawk *Buteo lagopus*

体型中等，体长50~60 cm。色调偏浅，由浅褐色至灰白色。与普通鵟相似，但与之相比头部不甚圆。尾部深色次端横斑为保守特征。栖息于开阔地带，与其他鵟类相比更喜低空巡航。分布于除西南以外各地。

大鵟 Upland Buzzard *Buteo hemilasius*

体型较大，雌鸟体长约 70 cm，站立时像一只小型的雕，雄鸟较小。飞行时翅膀显得较长，而尾显得较短，下体深色部分靠后接近下腹部，并且深色带在下体中央不相连而与普通鵟区分开。翅上初级飞羽基部大面积的浅色区域是辨识大鵟的重要特征。常在开阔地的地面或高树及电线杆上蹲伏，主要捕食鼠类，亦以野兔、雉鸡等较大的动物以及腐肉为食。繁殖于我国北方及青藏高原，冬季在北方及中部和东部地区都能见越冬个体。

普通鵟 Eastern Buzzard
Buteo japonicus

体型中等，体长 50~57 cm。色型多变，由深棕色至浅棕色。头粗壮，上胸具深色带。翼下深色腕斑及初级飞羽白色基部形成的翼窗为较保守特征，但在深色型中不明显。栖息于林缘、农田等开阔地，城市中亦常见，以捕食地面啮齿类为主。常悬停。集大群迁徙。分布于全国各地。

鸮形目 STRIGIFORMES

鸱鸮科 Strigidae

领角鸮 Collared Scops Owl *Otus lettia*

略大型偏灰或偏褐色角鸮，体长约 24 cm。眼深褐色，具明显耳羽簇及特征性的浅沙色颈圈。上体偏灰色或沙褐色，并多具黑色及皮黄色的杂纹或斑块，下体白色或皮黄色，缀有淡褐色波状横斑和黑色羽干纹。栖息于山地阔叶林、混交林、村寨附近树林内，夜间才开始活动和鸣叫。主要以鼠类、昆虫等为食。分布于东北、华北、华南华东及西南地区。

红角鸮 Oriental Scops Owl *Otus sunia*

比拳头略大的小型猫头鹰，体长约 19 cm。耳羽突出呈角状，体色分灰色型和棕色型两种，周身都密布细小的斑纹。虹膜黄色。保护色和拟态使其很难被发现，但其叫声却很有特点，繁殖期常能彻夜听到类似"王—刚哥"的叫声。夜间活动。捕食昆虫，也偶尔捕捉小鸟。在长江以北各地为夏候鸟，长江以南为留鸟或冬候鸟。

雕鸮 Eurasian Eagle-owl *Bubo bubo*

巨大型猫头鹰，体长约 65 cm。周身黄褐色而具深色斑纹，下体具深褐色纵纹，从正面观察时非常明显，橘黄色眼睛显得很大，耳突明显。栖息生境多样，多活动于山地林区，冬季在城市古建筑中的高大古树上也偶尔可见到。主要夜间活动，捕食鼠类，也捕捉较大的动物。分布于全国各地，为留鸟。

灰林鸮 Tawny Owl *Strix aluco*

中型偏褐色鸮鸟，体长约 43 cm。无耳羽簇，通体具浓红褐色杂斑及棕纹，每片羽毛均具复杂的纵纹及横斑，上体具白色斑，面庞之上具一偏白的"V"形。栖息于落叶疏林，有时会在针叶林中，较喜欢近水源的地方。主要以啮齿类动物和其他鸟类为食。分布于东北、华北、华南、华东、西南地区。

领鸺鹠 Collared Owlet *Glaucidium brodiei*

　　甚小型猫头鹰，体长约 16 cm。头小而圆，具浅色颈圈，颈后具黑色和橘黄色组成的"眼状斑"，虹膜黄色，周身褐色且具横斑，大腿及臀部白色具深色纵纹。栖息于各类林地，昼夜鸣叫，叫声很有特点，具 4 个音节，似"呼—呼—呼"，中间两音相连。昼夜都可见其活动，飞行时振翅极快，捕食鼠类、小鸟和昆虫。南方地区普遍分布，为当地留鸟。

斑头鸺鹠 Asian Barred Owlet
Glaucidium cuculoides

　　看上去与领鸺鹠相似，但个体较大，体长约 24 cm。无浅色颈圈和后颈的"眼状斑"，尾显得较长，周身颜色更偏棕栗色且横斑显著。栖息于多种生境，村庄附近、原始林及次生林内均可见其踪影。昼夜都有活动，但主要在夜间活动觅食，捕食鼠类、小鸟及昆虫。南方地区普遍分布，为留鸟。

纵纹腹小鸮 Little Owl *Athene noctua*

体小型，体长约 23 cm。头显得扁圆且无耳羽簇，白色眉纹长且较宽，虹膜黄色。上体褐色具白色点状斑，肩部有两道浅色横斑，下体灰白色具褐色纵纹。在村庄附近、电线杆上、丘陵荒坡、坟地及多岩石的林地都能见到。白天偶见其活动，主要在夜间活动觅食，捕食鼠类，也吃小鸟和大型昆虫。站立时常点头或转动，飞行时呈波浪状前进，翅膀扇动快速。长江以北大部分地区都有分布，为留鸟。

长耳鸮 Long-eared Owl *Asio otus*

体型中等，体长约36 cm。头部具较长的竖直耳羽，虹膜橙色，喙上部及两眼之间具白色羽毛，形成明显的白色"X"形。长耳鸮不甚畏人，城市公园中的古树上常有个体栖息，白天静伏于高树上不动，若有人接近，也只是收紧羽毛、竖起耳羽呈枯木拟态状，或只转动头部、微张开双眼看着下面的情况，很少惊飞。主要捕食各种鼠类，也吃麻雀等小鸟及蝙蝠。在东北和西北部分地区为夏候鸟，在华北、华中、华南地区为冬候鸟或旅鸟。

短耳鸮 Short-eared Owl
Asio flammeus

体型与长耳鸮相当，体长35~38 cm。体色较偏淡黄，且耳羽簇极小，在野外几乎看不到，浅黄色的虹膜周围具较大面积的黑色眼圈是很好的辨认特征。平时主要栖息于地面草丛中，与长耳鸮的竖直站立姿态不同，短耳鸮站立时身体的角度比较接近水平。通常白天休息，夜间活动。主要捕食鼠类，也吃小鸟、蜥蜴等。繁殖于东北北部地区，有些留居当地，冬季几乎分布于全国各地。

犀鸟目 BUCEROTIFORMES

犀鸟科 Bucerotidae

双角犀鸟 Great Hornbill *Buceros bicornis*

硕大型黑色及奶白色犀鸟，体长约 125 cm。喙及前凹的盔突黄色，脸黑色。颈白色，翅上飞羽黑色而端白色。尾白色而具黑色次端斑。通常成对。取食和栖息于原始林的顶冠层。分布于西藏东南部、云南西南部地区。

戴胜科 Upupidae

戴胜 Common Hoopoe *Upupa epops*

体型中等，体长约 33 cm。喙长且下弯。具长而尖黑的棕色丝状冠羽，头、上背、肩及下体粉棕色，两翼及尾具黑白相间的条纹。惊恐时头顶的冠羽会打开，飞行时呈波浪状前进，振翅较缓慢，样子很有特点。适应能力很强，栖息于平原、丘陵、村庄附近、农田、稀疏林地，甚至人流密集的市区公园。通常在地面上活动，利用长而略微弯曲的喙在地面捕捉昆虫和其他无脊椎动物。分布于全国各地。

佛法僧目 CORACIIFORMES

蜂虎科 Meropidae

蓝喉蜂虎 Blue-throated Bee-eater
Merops viridis

中型偏蓝色的蜂虎，体长约28 cm。头顶及上背巧克力色，过眼纹黑色。翼蓝绿色，腰及长尾浅蓝色，下体浅绿色，蓝喉。中央尾羽长。亚成鸟尾羽无延长，头及上背绿色。喜近海低洼处的开阔原野及林地，繁殖期群鸟聚于多沙地带，偶从水面或地面拾食昆虫。分布于河南以南地区。

黄喉蜂虎 European Bee-eater
Merops apiaster

中型色彩亮丽的蜂虎，体长约28 cm。颈、头顶及枕部栗色。喉黄，具狭窄的黑色前领，背部金色显著，下体余部蓝色。幼鸟中央尾羽无延长，背绿色。结群优雅地盘桓于开阔原野上空觅食昆虫。分布于新疆西北部地区。

佛法僧科 Coraciidae

三宝鸟 Dollarbird *Eurystomus orientalis*

　　中型深色的佛法僧，体长 27~32 cm。具宽阔的红喙，整体色彩为暗蓝灰色，喉为亮丽蓝色，翼下具亮蓝色圆圈状斑块。常栖息于近林开阔地的枯树上，偶尔起飞追捕过往昆虫，或向下俯冲捕捉地面昆虫。除新疆、青海外，见于全国各地。

翠鸟科 Alcedinidae

白胸翡翠 White-throated Kingfisher *Halcyon smyrnensis*

体型略大的蓝色及褐色翡翠鸟，体长约 27 cm。颏、喉及胸部白色。头、颈及下体余部褐色。上背、翼及尾蓝色鲜亮，翼上覆羽上褐色、下黑色。性活泼而喧闹，栖息于河流、池塘等水域岸边。分布于南部地区。

蓝翡翠 Black-capped Kingfisher
Halcyon pileata

体长约 30 cm，鲜红的大喙。黑色的头部、白领及深蓝色的上体是这种鸟的主要特征。飞行时飞羽基部大块的白色斑也清晰可见。幼鸟喙的颜色较暗，胸部具深色鱼鳞纹状羽毛。栖息于平原和山地的溪流、湖泊、海边红树林等地。与普通翠鸟捕食方式相似，但猎物更为多样，包括鱼、虾、蟹、蛙、蜥蜴以及大型昆虫甚至小鼠等。在东北南部、华北、华中、华南地区普遍有繁殖，北方的种群冬季迁往南方越冬。

普通翠鸟 Common Kingfisher
Alcedo atthis

体型小，体长约 17 cm。耳羽棕红色，背部中央鲜艳的蓝色即便是在快速飞行时也非常明显。雌鸟下喙基部红色。雄鸟喙黑色。幼鸟下体颜色较暗而非成鸟那样呈鲜艳的橙红色。活动于池塘、溪流及小河边，常沿水面快速飞行数十米后停落在水边的植物或石头上，低头寻找水中的小鱼虾，确定目标后快速冲入水中将其捕获，然后迅速返回原栖处吞食。如果猎物难以吞下，便会用喙叼着然后甩动头部在停落的树枝或石头上摔打猎物。有时也会振翅悬停在水面上空，寻到猎物后再冲下。除西部一些较干旱地区外，遍及全国各地，在大部分地区为留鸟，在东北、新疆为夏候鸟。

冠鱼狗 Crested Kingfisher *Megaceryle lugubris*

体型大，体长约 42 cm。周身除喉、脸颊和腹部白色外，其他地方黑白斑驳相间。冠羽发达，停落在石头上时常把冠羽和尾同时竖起。雄鸟胸部具褐色斑。栖息于山麓或平原森林中的河流附近，捕食习性与其他翠鸟相似，食物主要为鱼类。在东北南部、华北、华中、华南地区普遍分布，为留鸟。

斑鱼狗 Pied Kingfisher *Ceryle rudis*

黑白相间的鱼狗，比冠鱼狗小，体长约 28 cm。冠羽较小，白色眉纹显著，且胸部具黑色条带而易于和冠鱼狗区分开。雄鸟有两条胸带，下面一条较窄；而雌鸟只有一条，且中央不相连。经常在空中定点振翅。栖息于开阔地带的溪流、湖泊及海边红树林等水域附近，常单独或成对活动于较大的水面，觅食行为和食性与冠鱼狗相似。分布于华北、华中、华南、华东地区。

啄木鸟目 PICIFORMES

拟啄木鸟科 Capitonidae

大拟啄木鸟 Great Barbet
Psilopogon virens

体型甚大，体长约 30 cm。头大呈墨蓝色。喙大而粗厚，象牙色或淡黄色。肩、背和上胸褐色，腰、翅和尾绿色，腹黄色带深绿色纵纹，尾下覆羽亮红色。常单独或成对活动，在食物丰富的地方有时也成小群。常栖息于高树顶部，能站在树枝上像鹦鹉一样左右移动。叫声单调而洪亮。分布于南方各地。

蓝喉拟啄木鸟 Blue-throated Barbet
Psilopogon asiatica

中型绿色拟啄木鸟，体长约 21 cm。特征为顶冠前后部位绯红，中间黑或偏蓝。眼周、脸、喉及颈侧亮蓝色，胸侧各具一红点。常见以小群在果树尤其是无花果树上取食。分布于云南西部、东部、南部地区。

啄木鸟科 Picidae

蚁䴕 Eurasian Wryneck *Jynx torquilla*

细长型鸟，体长约 18 cm。斑驳的羽色使其看上去与夜鹰有些相似，过眼纹色深，延伸到后颈，中央冠纹黑色，一直延伸至背部，从背后看极为清楚。栖息于较开阔的丘陵林地、针阔混交林、稀疏灌丛生境内及矮树枝上。单独活动，主要在地面用舌头取食蚂蚁，也吃其他昆虫，不像啄木鸟那样攀爬，也不在树干上啄击寻找食物。受到威胁时会将头颈做类似蛇类扭动的姿态。分布于全国各地。

斑姬啄木鸟 Speckled Piculet
Picumnus innominatus

纤小型橄榄色啄木鸟，体长约 10 cm。雌雄同色，前额橘黄色，脸具黑白色纹。下体多具黑点。中央尾羽白色。栖息于热带低山混合林的枯树或树枝上，尤喜竹林，觅食时持续发出轻微的叩击声。分布于南方各地。

棕腹啄木鸟 Rufous-bellied Woodpecker
Dendrocopos hyperythrus

中型色彩浓艳的啄木鸟，体长约20 cm。头侧及下体浓赤褐色。背、两翼及尾黑色，上具成排白点，臀红色。雄鸟顶冠及枕红色，雌鸟顶冠黑而具白点。喜针叶林或混交林。除西北地区外，分布于全国各地。

星头啄木鸟 Grey-capped Woodpecker *Dendrocopos canicapillus*

小型具黑白色条纹的啄木鸟，体长约15 cm。雌雄相似，下体无红色，头顶灰色，脸白色，黑褐色过眼纹延到颈部。背中部白色。雄鸟眼后上方具红色点斑。栖息于山地、平原林地，成对活动。除新疆、青海外，分布于全国各地。

大斑啄木鸟 Great Spotted Woodpecker
Dendrocopos major

中型黑白相间的啄木鸟，体长约23 cm。雄鸟枕部鲜红色，而雄性幼鸟头顶红色，而非枕部。肩部具大面积的白色斑块，飞行时如果细看也能见到，飞行姿态亦为典型的波浪状。栖息于山地及平原各种类型森林，城市园林中也有一定数量分布。主要在树干上取食，也偶尔下到地面寻觅食物，主食昆虫和树皮下的蛴螬。遍布全国各地，为留鸟。

灰头绿啄木鸟 Grey-headed Woodpecker *Picus canus*

体型较大，体长约28 cm。通体灰绿色，雄鸟头顶猩红色，眼先及狭窄颊纹黑色，枕黑色。雌鸟顶冠灰色而无红斑，喙相对短而钝。广布于各种林地、城市公园。叫声似人响亮的尖笑声。飞行姿态为扇动几下翅膀就收起滑翔一小段，因而呈波浪状前进。常在树干上啄击寻找取食昆虫，也会下到地面上取食蚂蚁等。全国各地都有分布，为留鸟。

● 灰头绿啄木鸟(雄)

隼形目 FALCONIFORMES

隼科 Falconidae

白腿小隼 Pied Falconet *Microhierax melanoleucus*

体型小，体长 18~20 cm。体羽黑白分明，喉及腹部白色，背部黑色。具白色眉线，过眼纹黑色。喙、跗趾和爪均为黑色。喜成群或单独活动于林缘或开阔原野，包括稻田，常立于无遮掩的树枝上。分布于有林覆盖的低地至海拔 1 500 m 的云南西部及南部、贵州、广西、广东、江西、浙江、福建、安徽南部和江苏南部地区。

红隼 Common Kestrel
Falco tinnunculus

体型中等，雌鸟体长约 33 cm，周身红褐色密布深褐色斑纹；雄鸟稍小，头和尾灰蓝色；亚成鸟颜色与雌鸟相似。常活动于较开阔的地方，飞行时尖细的翅膀显示出隼类的特征，扇翅快速轻巧，常可见其边振翅、展尾在空中定点悬停，边低头寻找地面上的猎物。捕食鼠类，也捕捉小鸟和大型昆虫。有少量在城市中的高大烟囱、高楼顶上繁殖。分布遍及全国，多为留鸟，冬季北方的一些个体会迁徙到南方越冬。

红脚隼 Amur Falcon *Falco amurensis*

体型中等，体长约30 cm。红色的蜡膜和脚是区分于其他隼类的最好特征。成鸟雄性整体暗灰蓝色，臀部周围棕红色非常好辨认；雌鸟下体具黑色纵纹。亚成鸟与雌鸟相似，但下体纵纹为棕褐色。雄鸟在飞行时白色的翅下覆羽与黑色的飞羽对比十分明显，非常好认。栖息于开阔地，善在空中振翅悬停，也常停落于电线上，俯瞰地面寻找猎物，主要捕捉大型昆虫，也偶尔捕食小鸟、鼠类。繁殖于华北、东北地区，迁徙季节经过南方地区。

● 红脚隼（雄）

● 红脚隼（雌）

灰背隼 Merlin
Falco columbarius

雄鸟体长约 29 cm。娇小而秀气，脸部髭纹不明显，上体青灰色，下体浅黄褐色具深色纵纹。雌鸟稍大，通体褐色具深色纹，白色眉纹明显并一直延伸至眼后。较其他隼类更喜低空扇翅飞行，振翅快速，追捕猎物的方式也以横向的快速追逐居多，而不似

● 灰背隼（雌）

其他隼类那样从高空俯冲而下。常见其从低空快速掠过，偏好栖息于开阔的农田、沼泽等生境，常立于地面或近地面的矮枝上。在西北小面积地区有繁殖，迁徙时经过东部地区，越冬于南方地区。

● 灰背隼（雄）

燕隼 Eurasian Hobby
Falco subbuteo

雄鸟体长约 28 cm，雌鸟略大，以黑白色为主的隼。翅长而尖，静立时翅膀通常长过尾，飞行时翅略呈镰刀状，而与燕子有些相似。成鸟下腹、臀部红色显著，与黄色的脚爪对比明显。无论成幼，脸部的图案独特而有别于其他隼类。栖息于开阔林地及农田等开阔生境，飞行快速，常在空中捕捉昆虫。我国大部分地区都有分布，多为夏候鸟，在东南部分地区为冬候鸟。

猎隼 Saker Falcon *Falco cherrug*

　　体大且强壮，体长约 50 cm。浅褐色至白色。背面颜色稍深且具不明显斑纹，与深色翼尖呈对比。眼下的髭纹不明显。与游隼相比，喙较小，翼较尖锐。栖息于丘陵荒漠、开阔的草原及湿地。捕食中小型鸟类及小型哺乳动物。分布于北部、西部地区。

游隼 Peregrine Falcon *Falco peregrinus*

　　较大型隼类，体长约45 cm。眼下大面积的深色髭纹是其很好的辨认特征，从远处看像带了个小头盔。幼鸟体羽褐色，下体具较粗的纵纹，而非成鸟般深色横斑。飞行极为迅速，常成对出现，出没于水边开阔地，追捕中小型鸟类。除西部部分地区外，全国各地都有分布，在北方地区有少量个体繁殖，在南方地区多为留鸟或冬候鸟。

鹦鹉目 PSITTACIFORMES

鹦鹉科 Psittacidae

大紫胸鹦鹉 Lord Derby's Parakeet
Psittacula derbiana

大型长尾鹦鹉，体长约43 cm。头、胸、腹为浅蓝紫灰色。背部、翅为绿色，具宽的黑色髭纹，狭窄的黑色额带延伸成眼线。雄鸟喙红色，眼周及额淡绿色，中央尾羽渐变为偏蓝色。雌鸟喙全黑，前顶冠无蓝色。栖息于热带低纬度森林地带，充满棘丛和树木的平原以及松木山林区等干燥或半干燥地区，有时候会前往农耕区觅食。通常成对活动，繁殖期聚小群。分布于西藏、云南、四川、广西。

● 大紫胸鹦鹉（雌）

● 大紫胸鹦鹉（雄）

雀形目 PASSERIFORMES

八色鸫科 Pittidae

仙八色鸫 Fairy Pitta *Pitta nympha*

中型八色鸫，体长约 19 cm。色彩艳丽，头大，翅长而宽，尾短。上体和翅蓝绿色，顶冠栗色具黑色中央冠纹，宽阔的黑色过眼纹自眼先延伸至后枕，眉纹乳黄色，喉、颊、颈及胸部淡黄灰色，腹部、臀部及尾下覆羽鲜红色，腰、肩亮蓝色。多栖息于海拔 1 200 m 以下的森林和林缘灌丛，常在地面活动。分布于东部及东南部地区，最北可到河北、天津等地。

阔嘴鸟科 Eurylaimidae

长尾阔嘴鸟 Long-tailed Broadbill *Psarisomus dalhousiae*

　　体型中等,体长约 25 cm。全身草绿色,雌雄相似。宽阔而平扁的喙亮绿色,头顶中央淡蓝色,脸、喉及领亮黄色,眼后具黄色点斑。蓝色尾羽长而尖。常栖息于海拔 600~2 000 m 的热带常绿阔叶林。多集小群活动于林间中上层。分布于贵州西南部、广西西南部以及云南西部和南部地区。

黄鹂科 Oriolidae

● 黑枕黄鹂（雄）

黑枕黄鹂 Black-naped Oriole
Oriolus chinensis

中型黄色及黑色鸟，体长约 26 cm。头枕部具一宽阔黑色带斑，并向两侧延伸和黑色过眼纹相连，形成一条围绕头顶的黑带。两翅飞羽黑色羽缘黄色，尾黑色，外侧端黄色。雌鸟色较暗淡，背橄榄黄色。栖息于开阔树林。成对或以家族为群活动。除西部地区外，分布于全国各地。

莺雀科 Vireonidae

白腹凤鹛 White-bellied Erpornis
Erpornis zantholeuca

体型稍小，体长约 12 cm。上体橄榄绿色，羽冠短但明显，头顶具暗淡的黑色羽轴纹。下体灰白色，尾下覆羽黄色。雌雄相似。栖息于海拔 2 000 m 以下的沟谷雨林、常绿林、混交林和林缘灌丛中，有时也到村庄附近活动。成小群生活，常与其他鸟类混群，觅食昆虫。分布于西藏、云南、贵州、福建、江西、广东、广西、台湾、海南。

山椒鸟科 Campephagidae

暗灰鹃鵙 Black-winged Cuckoo-shrike
Lalage melaschistos

中型灰色及黑色的鹃鵙，体长约23 cm。雄鸟青灰色，眼先暗。两翅亮黑色，尾下覆羽白色，尾羽黑色，三枚外侧尾羽的羽尖白色。雌鸟相似，色浅，两胁具白色横斑。栖息于开阔的林地及竹林。以昆虫、植物种子为主食，在树上筑碗状巢。除东北、西北地区外，分布于全国各地。

小灰山椒鸟 Swinhoe's Minivet *Pericrocotus cantonensis*

小型黑、灰色及白色的山椒鸟，体长约18 cm。前额明显白色，向后延成眉纹。腰及尾上覆羽浅皮黄色，颈背灰色较浓，具醒目的白色翅斑。雌鸟似雄鸟，但褐色较浓，有时无白色翅斑。冬季形成较大群，栖息于高至海拔1 500 m的落叶林及常绿林。以昆虫为食，常成群在树冠上层飞翔，鸣声清脆。分布于华中、华东及华南地区。

● 小灰山椒鸟（雄）   ● 小灰山椒鸟（雌）

● 灰山椒鸟（雌）

灰山椒鸟 Ashy Minivet
Pericrocotus divaricatus

　　体型略小的山椒鸟，体长约19 cm。体羽黑，灰色及白色。眼先黑色。雄鸟顶冠、过眼纹及飞羽黑色，上体余部灰色，下体白色。雌鸟似雄鸟，黑色部位为灰色。在树层中捕食昆虫。飞行时不如其他色彩艳丽的山椒鸟易见。繁殖于东北地区，迁徙经过东部地区。

灰喉山椒鸟 Grey-chinned Minivet *Pericrocotus solaris*

　　小型红色或黄色的山椒鸟，体长约18 cm。雄鸟下背、腰和尾上覆羽鲜红或赤红色。尾黑色，中央尾羽仅外翈端缘赤红色或橙红色。雌鸟下背橄榄绿色，腰和尾上覆羽橄榄黄色，两翅和尾与雄鸟同色，但红色被黄色取代。常成小群活动，喜欢在疏林和林缘地带的乔木上活动，主要以昆虫为食，叫声轻柔而略似喘息声。分布于南部地区。

● 灰喉山椒鸟（雄）

● 灰喉山椒鸟（雌）

扇尾鹟科 Rhipiduridae

白喉扇尾鹟 White-throated Fantail *Rhipidura albicollis*

体型中等，体长约 19 cm。全身深灰，眉纹、喉白色，尾长，除中央一对尾羽外，都端白色。活跃于山区森林，尾常竖起展开呈扇形。分布于西南、广东、广西、海南和西藏南部地区。

卷尾科 Dicruridae

黑卷尾 Black Drongo *Dicrurus macrocercus*

体型中等，体长约 30 cm。蓝黑色而具金属光泽，喙小，尾长而叉深，最外侧一对尾羽向外卷曲。雌雄相似，但雌鸟金属光泽稍差。亚成鸟下体具近白色横纹。栖息于开阔原野，繁殖期有非常强的领域行为，性凶猛。擅空中捕食飞虫。除新疆外，分布于全国各地。

灰卷尾 Ashy Drongo *Dicrurus leucophaeus*

　　中型的灰色卷尾，体长约 28 cm。体羽有亚种不同。脸偏白色，通体浅灰色，尾长而深开叉。见于山区丘陵，成对活动，常立于林间空地的裸露树枝，攀高或俯冲捕捉飞行中的猎物。常模仿其他鸟类的鸣声。除东北及西北地区以外，分布于全国各地。

发冠卷尾 Hair-crested Drongo
Dicrurus hottentottus

　　体型较大，体长约 32 cm。通体黑色而具蓝绿色金属光泽，前额具细长丝状羽冠，尾长而分叉，外侧羽端钝而上翘。多见于山区、森林开阔处，常多只聚在一起鸣叫。繁殖季有急速飞向高空并有翻筋斗的动作。主要捕食空中昆虫。分布于华北到南方大部分地区。

王鹟科 Monarchidae

黑枕王鹟 Black-naped Monarch
Hypothymis azurea

中型灰蓝色的鹟，体长约 16 cm。雄鸟整体蓝色，枕后具黑色羽簇。翼上灰色，腹部白色，胸带黑色。雌鸟头蓝灰色，胸浓灰色，背、翼及尾褐灰色。性活泼好奇，活动于低地林及次生林。分布于西南、西藏东南部、广东北部、福建、香港及海南。

寿带 Amur Paradise-Flycatcher *Terpsiphone incei*

● 寿带　　　　　　　　　　　● 寿带（白色型）

　　体型中等，体长 22~44 cm。整个头部黑色，具冠羽。雄尾长，有两色型。白色型背部、翅、尾羽和下体白色。棕色型背部、尾羽和翅棕色。雌鸟棕褐色，尾羽短。栖息于低山林地。除内蒙古、新疆、青海、西藏外，分布于全国各地。

伯劳科 Laniidae

虎纹伯劳 Tiger Shrike
Lanius tigrinus

　　中型的棕色伯劳，体长约19 cm。区别于红尾伯劳明显喙厚、尾短眼大。雄鸟过眼线宽且黑。顶冠和颈背灰色，背、两翼栗色而多黑色横斑。下体白色，两胁具褐色横斑。雌鸟似雄鸟而眼先眉纹色浅。在多林地带，通常在林缘突出树枝上捕食昆虫。除青海、新疆、海南外，分布于全国各地。

牛头伯劳 Bull-headed Shrike
Lanius bucephalus

　　体型与红尾伯劳相当，整体上看头显得较小，体长约20 cm。尾稍长，喙较细小。头部棕红色，雄鸟初级飞羽基部具白色斑，飞行时明显，过眼纹黑色。雌鸟胸腹部满布细小的深色横纹，且贯眼纹几乎不显。栖息于低山开阔林地及农田，捕食昆虫和小型鸟兽，有将猎物穿在带刺植物上的习性。

● 牛头伯劳（雄）

繁殖于东北南部、华北北部地区，冬季南迁越冬，在甘肃部分地区为留鸟。

红尾伯劳 Brown Shrike
Lanius cristatus

中型的淡褐色白喉伯劳，体长约 20 cm。前额灰，眉纹白，宽宽的过眼纹黑色，头顶及上体褐色，下体皮黄。喜单独栖息于开阔耕地、次生林及人工林。性情凶猛，常立于灌丛顶端、电线或小树上，伺机捕食昆虫，偶尔也追捕小鸟。叫声多为粗劣沙哑的"嘎—嘎"声。分布于中部、东部地区，多为夏候鸟，在华南为冬候鸟或留鸟。

棕背伯劳 Long-tailed Shrike
Lanius schach

体型较大，非常漂亮，体长约 25 cm。黑色的过眼纹宽阔，蓝灰色头部与棕红色背部对比强烈，下体主要白色。尾羽显得特长。幼鸟上体羽毛有隐约的横斑。通常情况下叫声也为粗劣的"嘎—嘎"声，但繁殖期鸣啭也十分动听，还能模仿其他鸟类的叫声。喜栖息于海拔较低的开阔农田、果园及稀疏林地，性凶猛，捕食大型昆虫、蛙、小鸟等。分布于黄河以南地区，为留鸟。

楔尾伯劳 Chinese Grey Shrike *Lanius sphenocercus*

巨大型蓝灰色伯劳，体长约31 cm。黑色的过眼纹十分明显，两翅黑色的飞羽上具大面积的白色横斑。头顶、肩背部及腰部都为蓝灰色，下体白色。尾羽长，为典型的楔形尾。喜栖息于较为开阔的林缘、灌丛、农田及河谷地区。性凶猛，可以在空中振翅悬停并在空中捕捉猎物，主要捕食大型昆虫、两栖爬行类、鼠类和小鸟。繁殖于东北及华北西部地区，有少量个体留居当地越冬，在东部沿海地区及南方为冬候鸟。

鸦科 Corvidae

松鸦 Eurasian Jay
Garrulus glandarius

体型小，体长约33 cm，以棕色为主。特征明显，容易辨认。飞行时白色的腰部和黑色的尾形成鲜明对比，翅上蓝黑相间的翅斑也可见到。飞行路线呈波浪状，显得沉重，振翅懒散无规律。常成小群活动于山地林区，极为嘈杂，冬季有时游荡到半山区和村落附近。食物种类多样。除西北地区外，全国都有分布，为留鸟。

灰喜鹊 Azure-winged Magpie
Cyanopica cyanus

体型较喜鹊小，体长约 35 cm。根据羽色很容易辨认这种鸟。顶冠、耳羽及后枕黑色，两翼天蓝色，尾长蓝色且端白色。喜在有针叶树的地方活动、栖息。常结成小群活动，非常喧闹，警戒叫声嘶哑吵人，为单调的"嘎—嘎"声，平时也常发出较为悦耳的鸣声。适应性很强，在城市中生活得也非常好。食性及取食行为都与喜鹊相似。在中部、东部为留鸟。

红嘴蓝鹊 Red-billed Blue Magpie *Urocissa erythroryncha*

大型鹊类，主要由蓝、黑、红、白色组成，色彩艳丽，很好辨认，体长约 65 cm。头、颈、喉、胸黑色，冠白色。喙和脚红色。腹部及臀为白色，楔形尾，外侧尾羽黑色而端白色。通常成小群活动，栖息于山地林区、林缘和灌丛生境，也会进入附近的农田及城市中的园林活动。飞行呈波浪状，飞行时尾羽张开。多在地面取食，食物包括昆虫、小爬行动物、小型的鸟兽、植物果实及种子，也食腐肉。除我国新疆、西藏地区外，分布于华北、宁夏、甘肃至云贵川及华中、华东、华南地区，为留鸟。

灰树鹊 Grey Treepie *Dendrocitta formosae*

略大型褐灰色的树鹊, 体长约38 cm。颈后灰色, 上背为褐色。两翼黑色, 腰和下背均浅灰白色, 初级飞羽基部斑块白色。下体为灰色, 臀棕色。长黑色楔形尾。吵嚷性怯, 捕食于地面猎物或树叶。分布于西南、华中、华南地区。

喜鹊 Common Magpie *Pica pica*

　　体型大，体长约45 cm，黑白两色相间的鸟，非常容易辨认。翅具大白斑，两翼及尾黑色具蓝色光泽。腹部白色。喜欢鸣叫，叫声很有特点，为十分响亮但略显单调的"洽—洽"声，鸣叫的同时还会上下摆尾。从喧闹的城市到农村及山区都有分布，喜栖息于高大乔木上，通常成对或集小群活动。适应性极强，通常到地面取食，食物极为多样。分布于全国各地，均为留鸟。

黑尾地鸦 Mongolian Ground Jay
Podoces hendersoni

　　小型浅褐色地鸦，体长约30 cm。头顶黑色具蓝色光泽。上体沙褐色，背及腰略洒红色，两翼黑色闪亮，初级飞羽具白色大块斑，尾蓝黑色。常活动于开阔多岩石的地面及灌丛，巢营于地面，停栖在树上。以种子及无脊椎动物为食。分布于内蒙古及西北地区。

星鸦 Spotted Nutcracker
Nucifraga caryocatactes

小型深褐色鸦，体长约
33 cm。头顶、翅、尾黑褐色，
头颈具白色点斑，臀和尾端白
色。单独或偶成小群活动于松
林，以松子为食。也埋藏坚果
以冬季食用。分布于东北、华北、
西北、西南地区，为留鸟。

红嘴山鸦 Red- billed Chough *Pyrrhocorax pyrrhocorax*

略小型的黑色鸦，体长约 40 cm。鲜红的喙短而下弯，脚为红色。结小
群至大群活动。分布于西南、西北、华北地区和辽宁、河南。

达乌里寒鸦 Daurian Jackdaw *Corvus dauuricus*

小型黑白色鸦，体长约 32 cm。喙细，颈部白色斑纹延至腹下。主要栖息于山地，冬季集成大群迁到平原地区。飞行时振翅较其他大型乌鸦快，其飞行路线显得较为不定，常集大群边飞边叫，叫声频率比大、小嘴乌鸦都高，且声调尖细。冬季白天集体飞出觅食，临近天黑才返回，常可见到在城郊的大树上群栖过夜。集群。除海南外，分布于全国各地。

● 达乌里寒鸦（上亚成鸟，下成鸟）

秃鼻乌鸦 Rook
Corvus frugilegus

体型略大的黑色乌鸦，体长约47 cm。头顶拱圆形，喙圆锥形且尖，喙基部裸露皮肤为浅灰白色，腿部垂羽松散。飞行时尾端楔形，两翼长窄，头突出。结群活动。常跟随家养动物。除西南地区外，全国大部分地区均有分布。

小嘴乌鸦 Carrion Crow *Corvus corone*

体型大，体长约50 cm。浑身漆黑，与秃鼻乌鸦的明显差异在喙基部被黑色羽，与大嘴乌鸦的主要差异在额弓较低，喙虽强劲但细小。叫声为单调而难听的"啊—啊"声。喜结大群栖息，食物多样，包括植物种子、果实及各种动物性食物，冬季还常见到在冰面上捡食漂浮上来的死鱼。从山区到平原、村落附近都可见，冬季结大群在城市中的高树上过夜。分布于西北、华中、华北及东北地区，大部分为留鸟。

白颈鸦 Collared Crow *Corvus pectoralis*

体型略大的亮黑或白色鸦，体长约 54 cm。喙粗厚，颈背胸带白色领环更为突出。活动于平原、耕地、河滩、城镇及村庄。分布于中、东部地区。

大嘴乌鸦 Large-billed Crow
Corvus macrorhynchos

体型略大的闪光黑色鸦，体长约 50 cm。与小嘴乌鸦很相似，不同之处在于上喙粗厚，前额突出，与喙几乎垂直，飞行时尾呈圆形，尾羽会不断收缩打开，很难看清，叫声不似小嘴乌鸦那样沙哑，而是显得更深远的"啊—啊"声。其他习性与小嘴乌鸦相似，但更喜欢在山区活动，不喜结大群，常见成对活动。除西北地区外，遍及全国各地，为留鸟。

渡鸦 Common Raven
Corvus corax

体型甚大全黑色的鸦，体长约66 cm。喙粗厚，喉、胸部羽粗长，呈针状。头顶非上拱，展开翼时显长的"翼指"，尾楔形，叫声为深沉的"嘎—嘎"声。结小群或偶成大群活动。分布于东北、华北北部地区及西部高原开阔山区。

玉鹟科 Stenostiridae

方尾鹟 Grey-headed Canary Flycatcher *Culicicapa ceylonensis*

体型小，体长约13 cm。整个头部灰色，具冠羽，背和尾橄榄绿。胸部灰色，其余下体橙黄色。活跃于山区森林，鸣声独特易识别，喜欢混群。分布于中南、西南地区。

山雀科 Paridae

黑冠山雀 Rufous-vented Tit *Periparus rubidiventris*

　　小型山雀，体长约12 cm。喙须多而长，头、冠羽、喉及胸黑色，两颊白色，躯干暗灰色，臀部棕色。鸣声多为单音节鸣叫，似含糊的哨音及颤音，也有复杂的短句。栖息于海拔2 000 m以上高山林区，成对或集小群活动。分布于陕西南部、甘肃西部、青海东南部、西藏南部和东南部、云南西北部、四川，为留鸟。

煤山雀 Coal Tit *Periparus ater*

小型山雀，体长约 11 cm。头部黑色，具冠羽，颈侧、喉及上胸黑色，颈背部具白色斑，翼上两道白色翼斑，上体深灰色或橄榄灰色，下体白色或略沾皮黄色。典型山雀鸣声，较大山雀弱，繁殖期鸣声洪亮、尖锐带金属音。栖息于海拔 1 000 m 以上山地阔叶林或混交林，冬季集群活动，性活泼而喧闹。分布于新疆、东北至华北到西南、华南地区。

黄腹山雀 Yellow-bellied Tit *Pardaliparus venustulus*

小型山雀，体长 9 ~ 10 cm，腹部黄色，翅上具两排白色斑点。雄鸟头黑色，脸颊具白色斑。雌鸟头顶石板灰色。雄鸟鸣声响亮而多样，具金属光泽。繁殖于山地森林，常在土坡上的大石头或树根下打洞为巢。我国特有种，繁殖于华北、华东和华中地区，越冬地集中于华中至华南地区。

● 黄腹山雀（雄）　　　　　　● 黄腹山雀（雌）

沼泽山雀 Marsh Tit
Poecile palustris

体型中等,体长约12 cm。头顶、喉、后颈黑色,头侧白色,上体砂灰褐色,下体近白色,两胁皮黄色,无翼斑。相比褐头山雀具闪辉黑色顶冠。栖息生境多样,山区林地、低地树林、果园、灌丛、城市园林中都可见到,冬季会从山区迁到较低处。叫声有特点,常发出一连串的哨音。常单独或成对活动,觅食昆虫和植物种子。广泛分布于东北、华北、华中、华东及西南地区,为留鸟。

褐头山雀 Willow Tit
Poecile montanus

体型中等,体长约12 cm。无论大小或是羽色都与沼泽山雀十分接近。区别在于褐头山雀头顶褐色,且无光泽,次级飞羽颜色较淡且先端白色,因而平时翅膀收拢时可以看到浅色的翼纹,尾较沼泽山雀的显得更圆。叫声则与沼泽山雀截然不同,而显得沙哑。栖息生境及习性与沼泽山雀相似,但较少下到低处活动。在东北、华北、华中及西南部分地区广泛分布,为留鸟。

地山雀 Ground Tit *Pseudopodoces humilis*

体型大，体长约 19 cm，形似较小的地鸦。眼先暗褐色，喙较长稍曲，上体沙褐色，翅短圆，羽缘淡色，颈部及下体近白色，中央尾羽褐色，外侧尾羽黄白色。鸣声为细弱拖长的吱吱声，也作短促的吱吱声接以快速的哨音。常见于整个青藏高原海拔 4 000～5 500 m，常站立于稍突出的土堆或石头上。不善飞行，喜在地面双脚跳跃奔跑。我国特有种，分布于宁夏、甘肃西南部、青海、新疆、西藏、四川。

大山雀 Cinereous Tit *Parus cinereus*

大型山雀，体长约 14 cm。头及喉部黑色，与面颊及颈背处白色形成对比，翅上具一道白色翼斑，腹面白色，中央贯以显著黑色纵纹。雄鸟黑色带较宽，雌鸟略窄。幼鸟颜色较淡且偏黄。叫声很有特点，为"吱—吱—嘿，吱—吱—嘎—嘎—嘎"，听过后很容易记住。主要栖息于山地林区，冬季迁往较低处，在城市园林中也很常见。主要食昆虫，冬季也吃植物种子。除西北及内蒙古部分干旱地区外，遍及全国各地，为留鸟。

绿背山雀 Green-backed Tit
Parus monticolus

较大型山雀，体长约 13 cm。形态似大山雀，以腹部黄色，上背黄绿色，及翅上具两道白色翼斑与大山雀相区别。鸣声似大山雀，但声响尖且更清亮。性活泼而喧闹，活动于海拔 1 100~4 000 m 山区森林及林缘。分布于华中、西南、西藏南部地区和台湾。

黄颊山雀 Yellow-cheeked Tit *Machlolophus spilonotus*

较大型山雀，体长约 14 cm。头顶、羽冠黑色，头侧、额、眼先、枕部黄色。上体黑色、灰色、白色，或染黄色；下体中央具一黑色纵带，两胁呈黄绿色或蓝灰色。雌鸟羽色较暗淡，而偏黄绿色。栖息于针阔或阔叶林中，性活泼，喜欢与小型鹛类混群活动。分布于西南、华南及东南地区，为留鸟。

攀雀科 Remizidae

中华攀雀 Chinese Penduline Tit
Remiz consobrinus

体型小，体长约 11 cm。体羽沙色，雄鸟顶冠灰，过眼纹黑色；雌鸟色暗，脸罩呈深色。下体皮黄色，尾凹形。栖息于高山针叶林或混交林间低海拔林地或低山平原，更喜欢芦苇地。冬季喜欢集群活动。繁殖于东北地区，越冬于华中、华南地区。

百灵科 Alaudidae

蒙古百灵 Mongolian Lark *Melanocorypha mongolica*

体型较大的百灵，体长约 19 cm。土褐色身体配上深色胸带很好辨认。飞翔时白色的次级飞羽和深色的胸带十分明显。栖息于丘陵及平原地带较干旱的草原，迁徙时湿地周围的矮草地也可见到。常立于石块或土堆上鸣叫，叫声婉转动听。主要食植物种子，繁殖期也捕捉昆虫。繁殖于北部及中部偏北地区，多为留鸟，也有少量个体在河北越冬。

长嘴百灵 Tibetan Lark *Melanocorypha maxima*

　　体型甚大的百灵，体长约 21 cm。喙长而厚重，腿为黑色，强壮。上体纵纹较多，枕部为灰色，胸部具黑色点斑，次级和三级飞羽具白色尖端，尾部白色较多。多栖息于开阔草原。雄鸟鸣唱于灌丛顶部，炫耀时两翼下悬，尾上举，同时左右摆动。分布于新疆、西藏、青海、陕西、甘肃及四川。

凤头百灵 Crested Lark
Galerida cristata

　　体型略大，体长约 18 cm。长而尖的羽冠有别于其他百灵。喙长，上体灰褐色，无暖黄色或橙色调，下体偏白色，胸及两胁具多变的细纹，尾羽色深无白色外侧尾羽。常栖息于干旱平原、农耕地及半荒漠地带，不甚怕人，飞行多为波浪式。分布于新疆北部至辽宁的广大区域，西藏南部、四川北部、湖南、江苏也有分布。

云雀 Eurasian Skylark *Alauda arvensis*

　　体型中等，体长约 17 cm。通体浅灰褐色而具深色纵纹，肩及翅上羽毛的图案似鱼鳞状，头顶具冠羽，后翼缘白色飞行时可见。栖息于草原、农田及水边沼泽等开阔生境，喜结小群活动，常在地面快速奔走，觅食草籽。受惊吓常竖起冠羽，惊飞时会突然起飞，竖直向上飞，且边飞边鸣，鸣声似"啾—啾"的颤音，而后又会突然俯冲落下。繁殖于东北及西北北部地区，在东北南部、华北、华中、华东及华南等地区为冬候鸟，东北地区也有部分留鸟。

文须雀科 Panuridae

文须雀 Bearded Reedling *Panurus biarmicus*

体型小，体长约 17 cm。身短尾长，体型特征明显。雄鸟头部灰色，具较粗的黑色髭纹，容易辨认，雌鸟大致与雄鸟相似，但羽色较黯淡，头部也无黑色髭纹。性活泼，结群栖息于多芦苇的水域沼泽生境中，在芦苇丛间攀爬跳跃，觅食昆虫和草籽。在东北、华北北部及西北地区的适宜生境中都有分布，多为夏候鸟或留鸟，在东北南部和华北北部地区为冬候鸟。

● 文须雀（雄）

● 文须雀（雌）

扇尾莺科 Cisticolidae

棕扇尾莺 Zitting Cisticola
Cisticola juncidis

小型棕褐色莺，体长约10 cm。清晰的白色眉纹和棕色头顶形成对比。翅上具黑色纵纹，背部及腰黄褐色，尾端白色与次端的黑色对比明显。栖息于开阔草地、水田，繁殖期常立于植物的顶端而易见。雄鸟有似云雀一样飞起鸣叫的炫耀行为，非繁殖期不易见到。在中东部地区为常见夏候鸟，越冬至华南及东南地区。

黄腹山鹪莺 Yellow-bellied Prinia
Prinia flaviventris

体型小的长尾鹪莺，体长约13 cm。头灰色明显，具白色短眉纹。上体橄榄绿色。腿部皮黄或棕色。喉及胸白色与下胸及腹部黄色成对比。叫声轻柔似小猫。栖息于高草地、芦苇沼泽及灌丛。较为怕人，但鸣叫时站于显眼的植物茎顶端。在云南西部、南部及华南地区为留鸟。

纯色山鹪莺 Plain Prinia *Prinia inornata*

　　体型较小的鹪莺，体长约 12 cm。具白眉纹，尾较长。成鸟繁殖期背部为灰褐色，头顶颜色较深，额头染棕色。下体白而染淡皮黄色。尾羽端白色。非繁殖期上体为红棕褐色，下体则为淡棕色。栖息于海拔 1 500 m 以下的低山丘陵、山脚和平原地带的灌草丛中。分布于华东、华南地区。

长尾缝叶莺 Common Tailorbird *Orthotomus sutorius*

体型小的常见缝叶莺，体长约 13 cm。前额和头顶栗色，到枕部变为浅棕褐色，上体橄榄绿色，下体苍白而染皮黄色。繁殖期雄鸟的一对中央尾羽特别狭长而突出。主要栖息于海拔 1 000 m 以下的低山、山脚和平原，常见于人居环境周围。分布于西藏东南、贵州、云南、湖南、江西和华南地区。

苇莺科 Acrocephalidae

东方大苇莺 Oriental Reed Warbler
Acrocephalus orientalis

大型褐色苇莺，体长约 19 cm。喙长，上喙褐色而下喙黄色，具显著的皮黄色眉纹。全身黄褐色，腹部白色，翅膀的端部显得较钝而尾长。喜欢栖息于芦苇沼泽、稻田，鸣声为喧闹的"呱呱唧"，以昆虫为食。在亚洲东部为较常见的夏候鸟，除西藏外，分布于全国各地。

黑眉苇莺 Black-browed Reed Warbler
Acrocephalus bistrigiceps

较小型的常见苇莺，体长约 12 cm。上体橄榄棕色，白色或皮黄色的眉纹粗大而醒目，其上具一道并行的明显黑纹。下体多为白色，两胁和尾下覆羽染皮黄色。主要栖息于海拔 900 m 以下低山丘陵和平原的湖泊、河流、水塘等水边湿地灌丛或芦苇丛中。分布于东北、华北和南部地区。

厚嘴苇莺 Thick-billed Warbler *Arundinax aedon*

　　大型苇莺，体长约 20 cm。体羽橄榄褐色或深棕色。头及冠羽浅灰，无眉纹，喙粗短。尾长而凸。栖息于林地、林缘、灌丛和深暗荆棘丛。性隐匿。繁殖于东北地区，迁徙经过南方。

蝗莺科 Locustellidae

北短翅蝗莺 Baikal Bush Warbler *Locustella davidi*

体型小，体长约 12 cm。眉纹前显后微。上体褐色，下体污白。胸具黑色斑点。栖息于针叶林和灌丛。繁殖于东北地区，越冬于西南地区。

中华短翅蝗莺
Chinese Bush Warbler
Locustella tacsanowskia

体型小，体长约 13 cm。眉纹不明显，上体棕褐色，下体白色。胸侧及胁部暗黄色。栖息林间灌丛。繁殖于东北、甘肃、四川、广西和云贵地区。

矛斑蝗莺 Lanceolated Warbler *Locustella lanceolata*

　　体型较小而尾短的常见蝗莺，体长约 12 cm。上体橄榄褐色而密布明显的黑色纵纹，皮黄色眉纹细弱，下体乳白色也具很多黑纵纹。主要繁殖于海拔较低开阔生境的茂密植被中，常见于湿地中。繁殖于东北地区，迁徙经过华北、华中和华南地区。

小蝗莺 Pallas's Grasshopper Warbler
Locustella certhiola

　　体型小的常见蝗莺，体长约 13 cm。上体橄榄棕色，头顶和背部具明显黑纵纹。下体白色而无黑纵纹。主要栖息于湖泊与河流岸边及邻近的疏林、林缘灌草丛中。繁殖于东北、西部地区北部，迁徙时经过华中、华东和华南地区。

燕科 Hirundinidae

崖沙燕 Sand Martin
Riparia riparia

体型紧凑、纤细小型的褐色燕，体长约 12 cm。体羽灰褐色，浅色下体和清晰的褐色胸带。头小，脸部色深，耳后具白色半月形颈环。幼鸟的覆羽具浅色羽缘，脸、喉为黄灰色，胸带也不明显。几乎仅活动于近水处，如湖泊、河流等湿地，常集群营巢于垂直的沙质崖壁或堤岸。分布于除西南外全国各地。

家燕 Barn Swallow
Hirundo rustica

体型中等，体长约 18 cm。成鸟上体蓝黑色具金属光泽，下体白色。前额、颏、喉为深砖红色。外侧尾羽甚长呈铗形，近端处具白色点斑。各亚种下体羽色有别。亚成鸟色暗，尾无延长。常见于城市及乡村的低地，喜水域附近，常在人类居住的房檐下安家落户。飞行轻巧快速，在空中捕食昆虫。迁徙季节常见大群迁飞，休息时密集地落在电线上。分布于全国各地。

岩燕 Eurasian Crag Martin
Ptyonoprogne rupestris

体型小，体型紧凑而显得结实，体长 14~15 cm。体色以深褐色为主，飞行时可以见到翼下、尾下覆羽的颜色偏深色，余部较浅，形成较好的对比。尾短，呈方形，近端处具白色点斑。分布于北方近山或山区，营巢在陡峭岩壁的洞隙中。分布于西部、北部地区。

毛脚燕 Common House Martin
Delichon urbicum

体型较小，体长约 13 cm。上体钢蓝色，带金属光泽，与腰、下背及尾上覆羽的白色形成明显的对比。下体从颏到臀部均为纯白色。主要栖息于山地、森林、河谷等生境，喜邻近水域的岩石山坡和悬崖，常集小群活动。分布于东北、华北及新疆、四川、湖北、江苏、上海及西藏西部地区。

烟腹毛脚燕 Asian House Martin *Delichon dasypus*

体型较小且紧凑的黑色燕，体长约 13 cm。成鸟似毛脚燕，不同之处在于其下体为均匀浅淡的烟灰色，翅下覆羽及飞羽腹面为深灰色，腰部白色斑略小。多栖息于 1 500 m 以上的山地悬崖峭壁处，也栖息于房舍、桥梁等建筑物上。常集群栖息活动。繁殖于中东部及青藏高原，留鸟分布于台湾、华南及东南地区。

金腰燕 Red-rumped Swallow *Cecropis daurica*

体型与家燕相当，区别在于脸颊、腰部为棕红色，下体浅橙色，并有较粗纵纹。习性与家燕相似，巢为倒瓶装。迁徙时常与家燕混成大群。分布于全国各地，主要为夏候鸟，在广东福建一带部分为留鸟。

鹎科 Pycnonotidae

领雀嘴鹎 Collared Finchbill
Spizixos semitorques

体型中等，体长约 22 cm。喙短而厚实，呈象牙白色。头黑色，喉部具 1/2 环状白领。颊与耳羽黑白相间，鼻孔后与下喙基部各具一小的白色斑。上体橄榄绿色，下体偏黄色。栖息于平原及山区的树木灌丛间，大多结群活动觅食。鸣声清脆动听。主要以野果、植物种子、昆虫为食。广泛分布于长江流域以南地区。

红耳鹎 Red-whiskered Bulbul
Pycnonotus jocosus

体型中等，体长约 19 cm。头部黑色且有一耸立的羽冠，眼下后方具赤红色羽簇，颊、喉部白色。上体褐色，下体灰白，胸部连有两条"黑领"。尾下覆羽红色。栖息于热带雨林、树木灌丛、田园及公园中。常成群活动，性情活泼好动，常在大树上的高枝处鸣叫，鸣声悦耳且富有音韵。以植物的果实、种子及昆虫为食。分布于西藏、云南、贵州、广西、广东、福建等地。

黄臀鹎 Brown-breasted Bulbul *Pycnonotus xanthorrhous*

体型中等，体长约20 cm。头部黑色，羽冠稍短，不太明显。耳羽灰褐色，喉白色。体羽灰褐色，下体近灰白色，尾下覆羽深黄色，故得名"黄臀鹎"。习性和食性与红耳鹎相似，但栖息地更接近山区。分布于云南、四川、陕西、甘肃、河南、贵州及华南大部分地区。

白头鹎 Light-vented Bulbul *Pycnonotus sinensis*

体型中等，体长约18 cm。头顶及额黑色，眼上方至枕后具一白色斑块，因此又被称为"白头翁"。喉白色，颊、胸灰白色，具较宽的暗色胸带。体羽以灰褐色为主，下体白色。翅、尾黑褐色。结小群活动于平原地区的树木、灌丛中，甚至见于庭院和园林中。性不畏人，活泼善鸣。杂食性。分布于辽宁、华北以南广大地区。

白喉红臀鹎 Sooty-headed Bulbul
Pycnonotus aurigaster

体型中等，体长约 21 cm。头顶黑色，羽冠不显。喉和胸部近白色。上体暗褐色。尾下覆羽红色，尾黑褐且具白端。栖息于开阔的阔叶林、灌丛、村寨、庭院。结小群或与其他鹎类混群活动，不甚畏人，以植物性食物为主、兼食昆虫。分布于四川、湖南、贵州、云南、广西、广东、福建等地。

绿翅短脚鹎 Mountain Bulbul *Ixos mcclellandii*

体型中等，全长约 23 cm。头顶栗褐色，羽毛呈针簇状。眼周、颏喉部及上体灰色。下体棕白色。翅膀和尾为橄榄绿色。腿、脚短呈灰褐色。常三五成群地活动于树林中层，也见于溪水边的竹林和杂木林。主要以植物果实为食，也食飞虫。分布于长江以南地区。

栗背短脚鹎 Chestnut Bulbul
Hemixos castanonotus

体型中等，体长约21 cm。头顶黑色，具短而不显著的羽冠。上体栗褐色，喉部白色，下体灰白色。翅和尾灰褐色。栖息于丘陵和山地森林中，多在高大的树上结小群一起活动。主要以植物性食物为主，兼食昆虫。分布于江西、福建、湖北、海南、广西、广东等地。

黑短脚鹎 Black Bulbul *Hypsipetes leucocephalus*

体型中等，体长约24 cm。全身乌黑至黑灰色，头颈黑色或白色（因亚种而异）。喙细长呈红色。尾下覆羽杂有灰白色斑。腿、脚短粗，也为红色。尾略分叉。喜结小群活动，多在树冠上活动，很少下地。叫声十分喧杂，且鸣声音调多变。以果实和昆虫为食。广泛分布于长江以南地区。

● 黑短脚鹎

● 黑短脚鹎（黑色型）

柳莺科 Phylloscopidae

褐柳莺 Dusky Warbler
Phylloscopus fuscatus

体型较小，无翅斑的褐色柳莺，体长约 11 cm。喙细，上深下黄。眉纹前白后棕，过眼纹暗褐色。下体黄白色。栖息于山地森林和灌丛中。繁殖于东北、西北地区，迁徙于东部地区，越冬于华南地区。

棕眉柳莺 Yellow-streaked Warbler *Phylloscopus armandii*

体型较大，无翅斑的褐色柳莺，体长约 12 cm。上体橄榄褐色。眉纹长而宽，在眼前方黄色眼后则为白色，与褐柳莺正好相反。喙较为强壮。下体近白色而具细的黄色纵纹。主要栖息于海拔 3 200 m 以下的中低山区和山脚平原的森林和林缘灌丛中。分布于华北、华中、西南地区及辽宁、内蒙古。

巨嘴柳莺 Radde's Warbler
Phylloscopus schwarzi

体型中等，褐色型柳莺，体长约 12.5 cm。褐色的喙较厚，故而得名。上体褐色中带有橄榄色，通体无纹也无翅斑。眉纹在眼先皮黄色，较为模糊，至眼后变成奶白色，界限清晰。下体白色，胸及两胁沾皮黄色，尾下覆羽红褐色。喜欢活动于地面和灌丛，性隐匿。繁殖于亚洲东北部地区，包括我国东北地区，越冬于南方地区。

橙斑翅柳莺 Buff-barred Warbler *Phylloscopus pulcher*

体型较小，有翅斑腰浅色的柳莺，体长约 10 cm。具醒目的一二道橙黄色翅斑，喙黑色而纤细，背为较深的橄榄绿色，腰黄色，外侧尾羽白色明显。下体污白色而染黄绿色。主要繁殖于海拔 1 500～4 300 m 的山地森林中，尤其在高山针叶林和杜鹃灌丛中较为常见。分布于陕西、甘肃及西南地区。

云南柳莺 Chinese Leaf Warbler
Phylloscopus yunnanensis

体型较小，有翅斑腰部浅色的柳莺，体长约 10 cm。上体橄榄绿色较为鲜明，顶冠纹不明显，在接近前额时几乎消失，过眼纹为黑色。具两道皮黄色翅斑，次级飞羽基部无黑斑。主要繁殖于中高海拔的针叶林或针阔混交林。目前已知仅在我国境内繁殖，分布于辽宁、河北、北京、河南、山西、四川、湖北、陕西、重庆、甘肃、青海、云南等地。

黄腰柳莺 Pallas's Leaf Warbler *Phylloscopus proregulus*

体型小，紧凑且颜色鲜艳的柳莺，体长约 9 cm。最大的特征是腰部柠檬黄色，粗眉纹黄色，在眼先更加鲜黄。头顶具明显的中央冠纹，喙黑色，脚粉色。身体的绿色和黄色部分都比较鲜艳，具两道鲜黄色翅斑。喜欢在高大的乔木上活动，并且可以在空中短时间悬停，露出黄色的腰。以蚜虫为食，常混在其他食虫鸟群。越冬于南方等地，迁徙时除西南地区外，在大部分地区为常见候鸟。

黄眉柳莺 Yellow-browed Warbler
Phylloscopus inornatus

　　体型中等的绿色柳莺，相比黄腰柳莺，体型更加纤细，体长约 11 cm。上体橄榄绿色，眉纹白色，头顶冠纹不明显或者没有，上喙色深，下喙基黄色，通常具两道明显的白色翼斑。频繁地响亮而上扬的叫声，重音在后。习性类似于黄腰柳莺。繁殖于东北地区，越冬于华南地区。

淡眉柳莺 Hume's Leaf Warbler *Phylloscopus humei*

　　体型中等，体长约 11 cm。喙黑色，喉沾灰色。上体似黄眉柳莺，第一翅斑不明显。腿更黑。栖息于山地针叶林、灌丛等地。繁殖于新疆、北京、河北、陕西、甘肃、四川、青海、云南等地。

极北柳莺 Arctic Warbler *Phylloscopus borealis*

大型柳莺，体长10.5~13 cm。头大、体长、尾短。初级飞羽长出三级飞羽的部分较长。上喙黑色，下喙橙色，喙尖处具黑色斑。无冠纹。白色眉纹细长，后耳羽斑驳，头部橄榄色，与背部羽毛的颜色一致。上体橄榄绿色，下体灰白色。喜欢在树冠层活动，与其他柳莺混群。在东部地区为常见的春秋迁徙鸟。

暗绿柳莺 Greenish Warbler *Phylloscopus trochiloides*

体型较小的有翅斑无浅色腰的柳莺，体长约10 cm。上体暗橄榄绿色，皮黄色的眉纹常延伸至喙基部，通常仅1道明显翅斑。下体灰白色染黄色。主要繁殖于海拔1 500~3 900 m的中高山和高山针叶林及针阔混交林中。分布于西部地区，越冬于云南。

冕柳莺 Eastern Crowned Warbler
Phylloscopus coronatus

体型中等的橄榄黄色柳莺，体长约 12 cm。喙形较粗壮，上喙褐色，下喙黄色。眉纹和顶纹近白色，眼先及过眼纹近黑色。上体橄榄绿色，飞羽具黄色羽缘，只有 1 道黄白色翼斑，下体近白色。繁殖期的鸣唱类似于上挑的念白"加加急"，富有特色。除宁夏、青海、海南外，分布于全国各地。

冠纹柳莺 Claudia's Leaf Warbler *Phylloscopus claudiae*

体型中等的柳莺，体长约 11 cm。上体橄榄绿色，头顶较暗，具明显的顶冠纹，头部的暗色和浅色冠纹对比显著，眉纹淡黄且长。具 2 道淡黄色翅斑。下体灰白，胸部染黄色。主要繁殖于海拔 2 000～3 500 m 的山地常绿阔叶林、针阔混交林及针叶林中。繁殖期特征性地轮番鼓动两翼。繁殖于西藏东部、四川、甘肃南部、陕西南部、湖北、山西东南部、河北、华南等地，越冬于云南。

树莺科 Cettiidae

棕脸鹟莺 Rufous-faced Warbler *Abroscopus albogularis*

　　体型较小，体长约 8 cm。额、头侧和颈侧棕色，头顶至枕部橄榄绿色，具 2 条粗黑的侧冠纹。上体其余部分橄榄绿色染黄色，腰黄色。喉部黑白斑驳，胸、两胁和尾下覆羽黄色，下体其余白色。主要繁殖于海拔 2 000 m 以下的竹林和稀疏常绿阔叶林中。鸣唱似虫鸣。分布于黄河以南地区。

远东树莺 Manchurian Bush Warbler
Horornis canturians

　　体型略大的棕色树莺，体长约 17 cm。眉纹皮黄色，眼纹深褐色，无翼斑及顶纹。上喙褐色，下喙色浅。尾略上翘，脚粉红。活动于次生灌丛。分布于南方地区及台湾。

强脚树莺 Brownish-flanked Bush Warbler
Horornis fortipes

体型中等的常见树莺，体长约 11 cm。上体橄榄褐色，眉纹皮黄色，下体淡棕色，两胁染棕褐色。主要繁殖于海拔 2 000 m 以下的中低山常绿阔叶林、次生林及林缘灌草丛、竹丛中。分布于长江流域以南地区。

鳞头树莺 Asian Stubtail *Urosphena squameiceps*

体型小且尾极短的树莺，体长约 10 cm。喙尖细，顶冠具鳞状斑纹，过眼纹深色，眉纹浅色。上体褐色，下体近白色，两胁及臀均皮黄色。单独或成对活动。分布于东北、华东、东南、华南及台湾地区。

长尾山雀科 Aegithalidae

北长尾山雀 Long-tailed Tit *Aegithalos caudatus*

　　小型山雀，体长约 16 cm。喙细小黑色。头顶、胸白色。上背酒红色，后背灰色，尾甚长，尾羽黑色带白边。活动于针叶林、开阔林及林缘地带。秋冬季集群。分布于东北、华北北部地区。

银喉长尾山雀 Silver-throated Bushtit
Aegithalos glaucogularis

　　体短圆而尾甚长的山雀，体长约 15 cm。头顶黑色，中央冠以浅色纵纹，头和颈侧呈淡葡萄棕色。背灰色，喉部中央具银灰色块斑。栖息于山地林区及林缘地带，冬季下到较低处活动。非常活泼，常结成小群在枝叶间觅食昆虫和植物种子，冬季有时在城市园林中可见到。鸣声为短促的单音，示警时发出金属般尖细颤音。秋冬季集群。分布于华北、华中、华东地区。

红头长尾山雀 Black-throated Bushtit *Aegithalos concinnus*

　　十分细小的山雀，体长约 10 cm。头顶棕红色，黑色过眼纹很宽且长，头部特征明显，容易辨认。尾羽长，黑褐色而具蓝灰色外缘，外侧 3 对端部具白色斑，最外缘尾羽外侧纯白色。栖息于山区针叶林及阔叶林中，也常会于其他种类的小鸟混群活动觅食。性活泼，常结成大群。黄河以南地区普遍分布，为留鸟。

花彩雀莺 White-browned Tit Warber *Leptopoecile sophiae*

　　体型较小，体长约 10 cm。雄鸟具醒目的灰白色眉纹，头顶栗色或棕红色，背灰色，腰和尾上覆羽为辉蓝紫色。下体皮黄或紫色。雌鸟似雄鸟，但羽色较暗淡。主要栖息于海拔 2 500 m 以上的亚高山和高山矮林、杜鹃灌丛和草地。分布于甘肃、青海、西藏、四川和新疆等地。

莺鹛科 Sylviidae

山鹛 Chinese Hill Babbler
Rhopophilus pekinensis

体型较大，体长约 17 cm。具长而明显的灰白色眉纹。上体灰褐色而具明显的暗色羽干纵纹。下体白色，颈侧、胸侧、两胁和腹部具栗色纵纹。主要栖息于生长有稀疏树木的山坡和平原疏林灌丛中。分布于东北、华北和西北等地区，为留鸟。

棕头鸦雀 Vinous-throated Parrotbill *Sinosuthora webbiana*

体型小，体长约 13 cm。头圆，喙小，形状有些像鹦鹉嘴。周身棕褐色，头顶及两翼红棕色。栖息于山地林下的灌丛或丘陵灌丛生境，冬季下降到较低处，在农田周围的灌丛及城市园林中也可见到。非常活泼，常以 10~20 只的家族群活动，觅食昆虫和植物种子，吱吱喳喳叫个不停。除西北地区外广泛分布，为留鸟。

灰喉鸦雀 Ashy-throated Parrotbill *Sinosuthora alphonsiana*

体型小，体长约 12 cm。外部形态似棕头鸦雀，与棕头鸦雀的主要区别在于其脸颊灰色。习性同棕头鸦雀。分布于四川、贵州、云南等地。

震旦鸦雀 Reed Parrotbill
Paradoxornis heudei

体型中等，体长约 17 cm。额、头顶、颈背及脸颊灰色。具明显的黑色长眉纹。背黄褐色，通常具黑色纵纹。颏、喉灰白色，下体余部红褐色。常结群栖息于芦苇地。性活泼。分布于河南、湖北、江西、江苏、浙江、上海、河北、天津、山东、黑龙江、辽宁和内蒙古等地，为留鸟。

绣眼鸟科 Zosteropidae

栗耳凤鹛 Striated Yuhina *Yuhina castaniceps*

体型稍小的雀形目鸟类，体长约 14 cm。头具灰色短羽冠，耳羽、后颈和颈侧栗色。上体橄榄褐色，具白色的羽干纹。下体灰白色。尾呈凸状，羽缘白色。雌雄相似。栖息于沟谷雨林、常绿阔叶林、针阔混交林和人工林中。成群活动，最大群可达上百只。在不同的树之间飞来飞去，觅食昆虫和植物果实。分布于湖北、安徽以南的华南地区，为留鸟。

白领凤鹛 White-collared Yuhina *Yuhina diademata*

体型小，体长约 15 cm。前额和头顶冠羽暗褐色，眼先及颏部黑褐色，眼周和眼后与头后部分冠羽连接为白色。通体土褐色，腹部颜色稍浅。尾下覆羽灰白色。常见于山坡灌丛间，多结成数只小群在较高的树上活动，兴奋或受惊吓时羽冠竖起露出醒目的"白领"。

不甚畏人，杂食性。分布于陕西、四川、贵州、云南、湖南等地。

红胁绣眼鸟 Chestnut-flanked White-eye *Zosterops erythropleurus*

体型小，体长约11 cm。纯白色的眼圈衬托在绿色的头上，十分显眼，是绣眼鸟的共有特征。背部灰绿色，两胁呈栗红色，故得名。常栖息于海拔较高的原始林及次生林，捕食昆虫，也喜取食花蜜、浆果及植物种子。常见结成百十只的群体从空中飞过，边飞边鸣，叫声很有特点，为响亮而悦耳的"叽叽"声。繁殖于东北东部地区，迁徙时经中部、东部大部分地区，在西南一些地方有越冬群体。

暗绿绣眼鸟 Japanese White-eye *Zosterops japonicus*

体长约11 cm。与红胁绣眼鸟体型相当，区别在于其上体绿色更为鲜艳而不显灰色，喉及上胸黄色区域较大，两胁为灰白色。习性与红胁绣眼鸟相似。在华北及以南地区普遍分布，为夏候鸟，在华南地区为冬候鸟或留鸟。

林鹛科 Timaliidae

斑胸钩嘴鹛 Black-streaked Scimitar Babbler *Erythrogenys gravivox*

体型中等的雀形目鸟类，体长约24 cm。喙长而向下弯曲，眉纹深棕色。上体橄榄褐色，耳羽棕色，胸具明显的细而多的黑色纵纹。雌雄相似。各亚种之间稍有差别。栖息于森林、竹林和灌丛等地。常成对或成小群在地面或低矮灌木上觅食。叫声响亮，鸣叫时常与其他个体彼此呼应。分布于西藏、云南、四川、重庆、贵州、湖北、河南、山西、陕西、甘肃、海南、广东、广西等地。

棕颈钩嘴鹛 Streak-breasted Scimitar Babbler *Pomatorhinus ruficollis*

体型稍小的钩嘴鹛类，体长约18 cm。上体橄榄褐色或栗棕色，具明显的白色眉纹和黑色的过眼纹。喉、颏部白色，胸具栗色或黑色纵纹。雌雄相似。栖息于森林、竹林、灌丛和村庄附近有林的地方。常成对或成小群活动，在地面或低矮灌木处觅食，有时候上到较高的枯树枝上活动。分布于长江以南地区。

红头穗鹛 Rufous-capped Babbler
Cyanoderma ruficeps

体型较小，体长约 11 cm。上体橄榄褐色，头顶棕红色。喉和颏部茶黄色，具黑色细纹，下体余部橄榄褐色。雌雄相似。栖息于森林、林缘、灌丛和草坡等处。常单独或成对活动，有时也跟在鸟类混合群内活动，在低矮灌木上取食昆虫。分布于长江以南地区，为留鸟。

幽鹛科 Pellorneidae

褐顶雀鹛 Dusky Fulvetta *Schoeniparus brunneus*

体型小，体长约 14 cm。头两侧灰色，头顶棕色，侧冠纹黑色。上体橄榄褐色，下体灰白色。栖息于林下灌丛。取食昆虫。分布于湖北、湖南、云贵川地区，为留鸟。

灰眶雀鹛 Grey-cheeked Fulvetta
Alcippe morrisonia

体型稍小，体长约 14 cm。头灰色，具白色的眼圈。有些亚种具黑色的侧冠纹。颏胸灰色。上体褐色，下体余部偏白色。雌雄相似。栖息于阔叶林、针阔混交林、竹林、人工林和灌丛中。常结群活动，经常与其他鸟类混群，在受到惊吓时最先发出"唧，唧，唧，唧……"的叫声。分布于长江以南地区。

噪鹛科 Leiothrichidae

矛纹草鹛 Chinese Babax
Babax lanceolatus

体型大，体长约 28 cm。头顶红褐色，全身布满栗褐色与灰褐色相间的纵纹和斑点。喉部两侧顺着喙基部各有 1 条较粗重的条纹。尾羽和翅灰褐色，无斑纹。栖息范围较广，平原稀树灌丛、温带阔叶林、亚高山针叶林、沟谷中均有活动。结小群一起在地面觅食昆虫、植物种子、花、果实及农作物。不畏人，善鸣，林中群鸟叫起来遥相呼应，声韵多变。分布于长江以南地区。

画眉 Hwamei *Garrulax canorus*

体型中等，体长约 22 cm。全身羽毛棕黄色或黄褐色，眼圈和眉纹白色，故得名。栖息于低山丘陵的灌丛、竹林中，单独或结小群活动。食性杂，更喜食昆虫类。善于鸣叫，一年四季都十分活跃，繁殖季节雄鸟晨昏时的鸣声更为婉转悠扬、持久动听。求偶期间雄鸟极为好斗。分布于陕西、甘肃南部、华南、西南、华中、东南大部分地区。

白冠噪鹛 White-crested Laughingthrush *Garrulax leucolophus*

体型大，体长约 28 cm。头顶白色羽冠耸立，粗长的黑色过眼纹从喙基延伸至耳后。背部及尾栗褐色。喉、胸及腹面白色。栖于低山竹林和林下灌丛间，常结群活动。在林间灌丛集群追逐嬉戏，鸣声响亮嘈杂。往往一只开始鸣叫，群鸟闻声呼应。在地面觅食植物果实、种子、昆虫，觅食时常好奇地静观地面食物，然后不紧不慢地啄食。主要分布于云南西南部、南部和西藏东南部地区。

灰翅噪鹛 Moustached Laughingthrush *Garrulax cineraceus*

体型略小而具醒目图纹的噪鹛,体长约 22 cm。头顶黑色或灰色,眼先、脸白色,颈背、眼后纹、髭纹及颈侧细纹黑色。上体橄榄褐色至棕褐色,尾和内侧飞羽具窄的白色端斑和宽阔的黑色次端斑,外侧初级飞羽外翈蓝灰色或灰色。下体多为浅棕色。栖息于海拔 600~2 600 m 的各类森林中。成对或结小群活动于次生灌丛及竹丛,有时活动于近村庄处。主要以昆虫为食。分布于中部、南部和西南部地区。

大噪鹛 Giant Laughingthrush *Garrulax maximus*

体型大而具明显点斑的噪鹛,体长约 34 cm。顶冠、颈背及髭纹深灰褐色,头侧及颏栗色。喉棕色。背栗褐色满杂以白色斑点,斑点前缘或四周还围有黑色。初级覆羽、大覆羽和初级飞羽具白色端斑。尾特长,均具黑色亚端斑和白色端斑。栖息于海拔 2 700~4 200 m 的亚高山和高山森林灌丛及其林缘地带。主要以昆虫为食。常成群活动。我国特有种,分布于甘肃、青海、云南、四川、重庆、西藏东南部地区。

眼纹噪鹛 Spotted Langhingthrush
Garrulax ocellatus

体型大，体长约 32 cm。羽色斑驳，背部羽毛栗褐色，布满白色及棕黄色斑点。头、眼后、喉部黑色。胸、腹棕黄色，缀有密致的黑色横纹。尾羽内侧末端白色。结十余只的小群在林下灌丛和竹林间活动，采食果实，用喙刨食地面上的昆虫及软体动物。分布于华中、西南等地区。

黑脸噪鹛 Masked Laughingthrush
Garrulax perspicillatus

体型大，体长约 30 cm。羽色朴实，全身灰褐色。脸部及前额黑色，故得名。下体皮黄色，尾下覆羽皮黄色。栖居于平原和丘陵的矮灌丛中，常在荆棘丛间穿梭跳动，有时也见于耕地附近的树丛及树林间。常群居，性活泼而隐怯，群鸟齐叫噪杂喧闹。在地面跳跃行进寻找食物，杂食性。分布于陕西秦岭、山西南部、河南及长江以南大部分地区。

白喉噪鹛 White-throated Laughingthrush *Garrulax albogularis*

体型大，体长约 27 cm。全身羽毛黄褐色。喉至上胸白色。腹部棕黄。外侧尾羽末端白色。栖息于高山林地间，活动于山坡和农田以及河边的灌木林、竹林等生境中。常结成 3~6 只的小群活动。叫声音调较高且喧闹。以杂草种子、野果、昆虫为食。分布于甘肃、四川、云南、陕西、西藏、湖北等地。

小黑领噪鹛 Lesser Necklaced Laughingthrush *Garrulax monileger*

体型中等的棕褐色噪鹛，体长约 28 cm。下体白色，具粗显的黑色项纹，1 条细长的白色眉纹在黑色过眼纹衬托下极为醒目，眼先黑色。主要栖息于海拔 1 300 m 以下的低山和山脚平原地带的阔叶林、竹林和灌丛中。分布于云南、广西及华南地区。

黑领噪鹛 Greater Necklaced Laughingthrush *Garrulax pectoralis*

体型大，体长约 30 cm。上体棕褐色，眉纹白色，眼先棕白，眼后具黑白相间的斑纹。胸具较宽的黑色领环，外缘染以大面积的银灰色。两胁棕栗色，腹部皮黄。尾羽内侧具黑色和棕白色的斑块。生活在低山的茂密灌丛间，喜结群或和其他噪鹛混群在灌丛处活动，伴以鸣声。经常到地面觅食昆虫、植物种子等。分布于甘肃东南部、陕西南部、华中和华南地区。

黑喉噪鹛 Black-throated Laughingthrush *Garrulax chinensis*

体型略小的深灰色噪鹛，体长约 23 cm。头顶至后颈灰蓝色，腹部及尾下覆羽橄榄灰色。额基黑色上面有一白色斑，指明亚种和滇西亚种的脸颊白色，但海南亚种颈后及颈侧棕褐色。初级飞羽羽缘色浅。主要栖息于海拔 1 500 m 以下的低山和丘陵地带的常绿阔叶林、热带季雨林和竹林中。主要以昆虫为食，也吃部分植物果实和种子。活动时频繁地发出叫声，悦耳动听。分布于云南西南部、东南部至广东及海南的低地森林。

山噪鹛 Plain Laughingthrush
Garrulax davidi

体型大的偏灰色噪鹛，体长约 29 cm。喙黄绿色稍向下弯曲。指名亚种上体全灰褐，下体较淡，具明显的浅色眉纹，颏近黑色。四川亚种的灰色较重，整体褐色较少。栖息地包括温带森林、温带疏灌丛。夏季吃昆虫，辅以少量植物种子、果实；冬季则以植物种子为主。我国特有种，分布于辽宁、华北、河南、西北东部、四川。

棕噪鹛 Buffy Laughingthrush
Garrulax berthemyi

体型大，体长约 26 cm。头、胸部及背棕黄褐色，眼周裸露皮肤钴蓝色，额、颏、眼先黑色。翅、尾红褐色。腹部深灰色，尾下覆羽白色。生活在山地间的灌丛、竹林间。结群活动，多在植被间快速跳来窜去，很少有停下来的时候，不善高飞或远飞。杂食性。鸣叫声为几个音节的节奏声。为中国特产噪鹛之一，分布于华南、华中、东南大部分地区。

白颊噪鹛 White-browed Laughingthrush *Garrulax sannio*

体型中等，体长约 24 cm。头顶栗褐色，眉纹、颊及眼先黄白色。背部棕褐色。腹部皮黄。尾下覆羽锈黄色。栖息于平原至山区，活动于山谷、山丘及田野的灌丛和矮树间。性活泼，较不畏人。善鸣，鸣声急促而响亮，习惯在灌丛间穿梭跳跃，通常只闻其声不见其影。杂食性。分布于甘肃、陕西以南、西藏东南部、云南西部以东的华南各地及海南。

橙翅噪鹛 Elliot's Laughingthrush *Trochalopteron elliotii*

体型大，体长约 26 cm。全身主要为灰褐色，飞羽外缘具一显著橙黄相间的斑块，尾下覆羽棕红色，外侧尾羽边缘蓝灰色。栖息于山坡竹林、乔木林、

灌丛以及村落附近。鸣声抑扬动听，群鸟在一起常叽喳吵闹。不甚畏人，常在人居附近徘徊跳跃，边叫边觅食，受惊扰时快速边跳边作短距离飞行。食性同其他噪鹛。我国特有种，分布于陕西、宁夏、甘肃、青海、湖北、湖南和西南地区。

灰腹噪鹛 Brown-cheeked Laughingthrush *Trochalopteron henrici*

体型中等的灰褐色噪鹛，体长约 26 cm。头侧褐色而与偏白色的下颊纹及细眉纹成对比。两翼及尾基部缘具蓝灰色。初级覆羽成黑色块斑。下体灰色，臀暗栗，尾端具狭窄白色。成对或结小群于森林及多灌丛的河谷，深藏而不显。有时与黑顶噪鹛一起活动。我国特有种，分布于西藏。

黑顶噪鹛 Black-faced Laughingthrush *Trochalopteron affine*

体型中等的深色噪鹛，体长约 26 cm。前额、脸、颏、喉黑色，头顶黑褐沾棕或深棕橄榄褐色，具白色宽髭纹，颈部白色块与偏黑色的头成对比。下体淡棕褐色。各亚种体羽略有差异，但一般为暗橄榄褐色，翼羽及尾羽羽缘带黄色。主要栖息于海拔 900~3 400 m 的山地阔叶林、针阔叶混交林、竹林、针叶林和林缘灌丛中。主要以昆虫和植物果实与种子为食。除繁殖期间成对或单独活动外，其他季节多成小群。分布于西藏、云南、四川、甘肃、重庆。

蓝翅希鹛 Blue-winged Minla *Siva cyanouroptera*

体型小，体长约 15 cm。头顶灰褐色，杂有蓝色纵纹，眉纹和眼周白色。背及尾上覆羽赭褐色，腹部和尾下覆羽白色。翅上数枚飞羽为天蓝色。栖息于常绿阔叶林、针阔混交林和灌丛中。多成对或结小群活动，体型虽小但较为好斗，敢攻击与其体型相仿的鸟类。杂食性。分布于四川、云南、贵州、广西、湖南等地。

银耳相思鸟 Silver-eared Mesia *Leiothrix argentauris*

羽色艳丽的小鸟，体长约 16 cm。体羽灰绿色。头黑，前额及喙黄色，耳羽银灰，故得名。翅上具橙红色翅斑，胸喉部橙黄色或橙红色。尾上和尾下覆羽橙红色。通常栖息于平原至海拔 1 000 m 左右的山丘、森林、灌丛中。不善远飞，喜在树间和枝条间和其他鹛类混群活动，有时也在树的中上层活动。食性杂。雄鸟鸣声悦耳动听。分布于云南、贵州、广西、西藏。

红嘴相思鸟 Red-billed Leiothrix *Leiothrix lutea*

体型小，体长约 15 cm。大部分体羽黄绿色。眼周黄白色，喙红。喉部黄色，胸部橙红，下体皮黄色。有醒目的红色翅斑。尾灰绿色，末端呈叉形。多栖息于山地成片的树林和竹林中。喜群居，雌雄常成对地在一起，雄鸟时而发出优美的鸣声，时而与雌鸟相互整理羽毛，所以称其为"相思鸟"。既吃各种昆虫，也采食植物种子。分布于长江流域及以南的广大地区。

黑头奇鹛 Black-headed Sibia *Heterophasia desgodinsi*

体型中等，体长约 20 cm。乍一看好似灰喜鹊的鹛类。头部、飞羽、长尾均为黑色。上体及尾上覆羽灰色。喉至下体乳白色。栖息于河谷阔叶林及山坡灌丛中，成对或结小群活动。以昆虫、植物果实等为食。行动敏捷，鸣声嘈杂。分布于四川、贵州、广西及云南等地。

旋木雀科 Certhiidae

欧亚旋木雀 Eurasian Treecreeper *Certhia familiaris*

体型略小的旋木雀，体长约13 cm。上体棕褐色。眉纹色浅。腰及尾上覆羽红棕色，尾羽黑褐色，翼上具斑驳棕色斑块。下体白色或皮黄色，仅两胁略沾棕色。鸣声调似鹪鹩，有刺耳过门声，结尾为细薄颤音。单个或成对活动于高山阔叶、针叶或混交林，习性似啄木鸟，常在树干上作螺旋式攀援。分布于东北、华北、西部地区。

䴓科 Sittidae

普通䴓 Eurasian Nuthatch *Sitta europaea*

体型小，体长约13 cm。上体蓝灰色。过眼纹黑色。腹部淡皮黄色。两胁浓栗色，尾下覆羽白色而具栗色羽缘。栖息于山区落叶林及针阔混交林中，在树上贴着枝干攀爬的姿态很有特点，有点像啄木鸟，可以头朝下或者倒掉在横树枝的下面自由爬行。成对或结小群活动，啄食树皮缝隙中的昆虫，也吃植物种子，有时也会下到地面取食，飞行呈波浪状。分布于东北、华中、华东及华南大部分地区，为留鸟。

栗臀鸤 Chestnut-vented Nuthatch
Sitta nagaensis

体型中等的鸤，似普通鸤，体长约 13 cm。下体浅灰棕色。喉、耳羽及胸沾灰色。两胁深砖红色。尾下覆羽深棕色，尾羽端斑白色。鸣声似鹪鹩的颤音，为快速的单音节叫声。具鸤属典型习性。分布于西藏东南部、云南、贵州西部和西南部、四川西部和西南部、江西东部、福建西北部地区。

黑头鸤 Chinese Nuthatch *Sitta villosa*

体型稍小，似普通鸤，体长约 11 cm。羽色与普通鸤接近，明显的区别只是雄鸟头顶为黑色，雌鸟头顶为灰褐色。栖息生境与习性都与普通鸤相似。分布于东北南部、华北北部及西北东部地区。

红翅旋壁雀 Wallcreeper
Tichodroma muraria

体型略小的优雅灰色鸟，体长 15.5~17 cm。喙细长略下弯。体灰色。飞羽黑色，具绯红色翅斑，初级飞羽两排白色点斑飞行时成带状。尾短，外侧尾羽羽端白色显著。繁殖期雄鸟脸及喉黑色，雌鸟黑色较少，头顶及脸颊沾褐色。鸣声为一连串多变而重复的高哨音及尖细的管笛音。常见于山地悬崖峭壁和陡坡壁上。冬季垂直迁徙至低海拔地越冬。繁殖于北部、西部地区，冬季越冬于华北以南地区。

鹪鹩科 Troglodytidae

鹪鹩 Eurasian Wren *Troglodytes troglodytes*

体型小，体长约10 cm。身体短圆，尾短而上翘，形态十分有特点。周身褐色而满布黑色细小横斑。栖息于山地林区，在林下活动，穿来穿去，十分活跃，不断地弹动并上翘尾巴，叫声响亮，与娇小的身躯显得不大相称。冬季迁到低地，在林区及灌丛生境中都可见到。在西北部分地区、东北、华北、华中及西南地区都有繁殖，在东部沿海地区为冬候鸟。

河乌科 Cinclidae

河乌 White-throated Dipper *Cinclus cinclus*

● 河乌（深色型）　　　　　● 河乌（白色型）

体型略小，体长约 20 cm。体深褐色。喉胸白色，下背和腰灰色。常见于海拔 2 000 m 以上山区溪流。喜沿河飞行并潜入水中觅食。分布于新疆、甘肃、西藏、青海、四川和云南。

褐河乌 Brown Dipper
Cinclus pallasii

体型小，体长约 21 cm。周身深褐色，眼周具间断的白圈，偶尔会看得清楚。幼鸟全身具白色斑点。栖息于山谷溪流生境。多成对活动于水流较湍急的溪流，常沿水面低空快速飞行，且边飞边发出尖锐的叫声。善游泳、潜水，常潜水觅食水中的昆虫。平时多栖于水边突出的大石头上，常点头翘尾。广泛分布于东部及南部地区，为留鸟，有垂直迁移的现象。

椋鸟科 Sturnidae

鹩哥 Hill Myna
Gracula religiosa

体型比八哥大，体长约30 cm。几乎通体黑色，且具闪亮的金属光泽。喙橙红色，头部两侧有鲜黄色的肉垂，非常醒目，静立时白色的翅斑不易见到，飞行时十分显眼。栖息于低山及平原地区的开阔林地，也在林缘活动，常成对或结群活动觅食。西南部分地区及海南有分布，为留鸟。

八哥 Crested Myna
Acridotheres cristatellus

体型中等的黑色鸟，体长约26 cm。头顶前方具明显的冠羽。初级飞羽基部有白色斑，但静立时很难见到，飞行时白色斑则显得十分突出。尾端具狭窄白色。聚群活动，非常嘈杂。除山区森林外几乎见于各种生境，常在地面活动觅食，城市花园中也常见到。南方地区普遍分布，为留鸟。

丝光椋鸟 Silky starling *Spodiopsar sericeus*

体型中等，体长约24 cm。喙鲜红色而尖端黑色，头部丝状银白色的羽毛是这种鸟很明显的特征。雌鸟和幼鸟的羽色暗淡一些。飞行时初级飞羽基部的大块白色斑清晰可见。在较低处的农田、果园中及开阔地很常见。在东北南部、华北至南方地区普遍分布，为留鸟。

灰椋鸟 White-cheeked Starling *Spodiopsar cineraceus*

体型和丝光椋鸟接近，为棕灰色椋鸟，体长约24 cm。身体偏褐色，头部色深，脸侧白色。飞行时露出白色的腰部和尾端部，很好辨认。非常喧闹。成群活动，多栖息于开阔林地、农田。常光顾果园取食果实，食物包括昆虫、种子和果实。除西北地区外，繁殖于北方地区，冬季前往南方地区越冬，有部分群体在北方地区越冬。

黑领椋鸟 Black-collared Starling *Gracupica nigricollis*

体型大，较大的椋鸟，体长约 28 cm。眼周裸露皮肤及腿为黄色，头白色。雄鸟羽色黑白色相间，特别是具有特征性的黑色领环而易于辨认。雌鸟与雄鸟相似，但多褐色。幼鸟羽色暗淡，且无黑色领环。常结小群活动于农田及牧场生境，有时会跟在牲畜周围寻找食物。分布于云南、四川、广西及华南地区，为留鸟。

北椋鸟 Daurian Starling
Agropsar sturninus

体型略小背部深色的椋鸟，体长约 18 cm。雄鸟枕部具斑，背部具紫色闪辉。两翼绿黑色闪辉夹杂白色翼斑。头和胸灰色，腹部白色。雌鸟上体烟灰色，颈后褐色点斑，两翼和尾均黑色。常活动、取食于沿海开阔地面。繁殖于东北、华北地区，迁徙经过华中以南地区。

灰背椋鸟 White-shouldered Starling
Sturnia sinensis

　　体型略小的灰色椋鸟，体长约 19 cm。雄鸟翅上覆羽和肩部白色，飞羽黑色，全身灰色。头顶和腹部近白色，外侧尾羽尖部白色。成群吵嚷。分布于云南、四川、贵州、台湾及华南、东南地区。

粉红椋鸟 Rosy Starling *Pastor roseus*

　　体型中等的粉色及黑色的椋鸟，体长约 22 cm。雄鸟繁殖期头、翅、尾亮黑色。背、胸和两胁均粉红。雌鸟较暗淡。结大群活动于干旱的开阔地。分布于新疆、甘肃及西藏西部地区。

鸫科 Turdidae

橙头地鸫 Orange-headed Thrush
Geokichla citrina

体型中等的地鸫，体长约 22 cm。雄鸟头、颈和胸腹橙褐色，头具两条平行黑纹。背蓝灰色，翼具白色横纹，雌鸟上体橄榄灰色。性羞怯，喜多荫森林，常躲藏在浓密覆盖下的地面。雄鸟从树上栖息处鸣叫，鸣声婉转响亮。分布于河南、安徽、浙江、贵州、云南、华南地区。

白眉地鸫 Siberian Thrush *Geokichla sibirica*

中等体型，黑（雄鸟）或褐色（雌鸟）的地鸫。眉纹明显，体长约 23 cm。雄鸟灰黑色，眉纹、尾羽羽尖、臀白色。雌鸟为橄榄褐色，下体皮黄白及赤褐色，眉纹皮黄白色。性活泼，有时结群栖息于森林地面及树间。除新疆、宁夏、西藏、青海外，分布于各地。

虎斑地鸫 White's Thrush
Zoothera aurea

体型大，体长约 30 cm。周身金褐色，下体羽色较浅，腹中央及尾下覆羽白色，身上满布黑色的鱼鳞状纹，很好辨认。栖息于多种林型的生境，也常出现于较开阔地区，在地面走走停停。觅食蚯蚓、昆虫，也吃植物浆果。繁殖于东北北部及西南部分地区，迁徙时经过大部分地区，在华南及东南地区一带越冬。

乌灰鸫 Japanese Thrush *Turdus cardis*

体型较小的鸫，体长约 21 cm。雄鸟上体纯黑灰色，头及上胸黑色，下体白色，腹部及两胁具黑色点斑。雌鸟上体灰褐色，下体白色，上胸具偏灰色的横斑，胸侧及两胁沾赤褐色。栖息于落叶林，甚羞怯。一般独处，但迁徙时结小群。分布于华中、华南地区及香港和台湾。

乌鸫 Chinese Blackbird
Turdus mandarinus

体型大，较大的鸫类，体长约28 cm。雄鸟通体黑色，喙和眼圈橙黄色。雌鸟羽毛深褐色，下体较淡，有深色纵纹。单独或结小群活动，栖息于山区及平原地区的阔叶林中，城市公园中也可见到。在地面落叶中翻找食物，取食昆虫、浆果等。叫声悦耳，善于模仿多种鸟鸣。在辽宁及以南地区、西北部分地区都有分布，多为留鸟。在海南为冬候鸟，在台湾为旅鸟。

灰头鸫 Chestnut Thrush
Turdus rubrocanus

体型中等，体长约25 cm。雄鸟头颈、上背和胸部石板灰色，翅膀和尾黑色，其余栗色。雌鸟较之雄鸟相应部位色浅，喉部具点状细纹。栖息于亚高山森林中。常单独或成对活动，迁徙或冬季集群。繁殖期间极善鸣叫，鸣声清脆响亮，以清晨和傍晚鸣叫最为频繁。分布于华中和西南部地区。

棕背黑头鸫 Kessler's Thrush
Turdus kessleri

体型较大的鸫，体长约 28 cm。雄鸟头颈、喉、胸、翼及尾黑色，体羽其余部位栗色，上背皮黄白色延伸至胸带。雌鸟比雄鸟色浅，喉近白色而具细纹。似灰头鸫但区别在头、颈及喉黑色而非灰色。繁殖于海拔 3 600~4 500 m 多岩地区的灌丛，冬季下至低海拔。冬季成群，在田野取食。在地面上低飞，短暂的振翼后滑翔。分布于西藏、甘肃、青海、四川、云南。

白眉鸫 Eyebrowed Thrush
Turdus obscurus

体型中等的鸫，体长约 23 cm。雄鸟头、颈灰褐色，具长而显著的白色眉纹，眼下有一白斑，上体橄榄褐色，胸和两胁橙黄色，腹和尾下覆羽白色。雌鸟头和上体橄榄褐色，喉白色而具褐色条纹，其余和雄鸟相似，但羽色稍暗。栖息于海拔 2 000 m 的开阔林地及次生林，于低矮树丛及林间活动。性活泼喧闹，甚温驯而好奇。除新疆、西藏外，分布于全国各地。

白腹鸫 Pale Thrush *Turdus pallidus*

体型中等褐色的鸫，体长约 24 cm。腹及臀部白色。雄鸟头及喉灰褐色，雌鸟头褐色，喉白色具细纹。翼衬灰白色。活动于低地森林、次生植被、公园及花园。性羞怯，藏匿于林下。分布于全国各地。

赤颈鸫 Red-throated Thrush
Turdus ruficollis

体型中等的鸫，体长约 25 cm。头顶及背部灰褐色，腹部及臀纯白色，脸、喉及上胸棕色，冬季多白斑，尾羽色浅，羽缘棕色。栖息于山坡草地或丘陵疏林、平原灌丛中。成松散的群体活动，主要取食昆虫及草籽和浆果，有时与其他鸫类混合。营巢于林下小树的枝杈上。分布于东北、华北、东南、西北和西南地区。

红尾斑鸫 Naumann's Thrush
Turdus naumanni

体型中等的鸫，体长约25 cm。上体灰褐色，眉纹淡棕红色，腰和尾上覆羽有时具栗斑或棕红色斑，尾基部和外侧尾棕红色。颏、喉、胸和两胁栗色，具白色羽缘，喉侧具黑色斑点。迁徙和越冬时集大群或松散的小群，较喜欢开阔林地，冬季在地面或树上取食，杂食性。迁徙或越冬时见于除西藏、海南以外各地。

斑鸫 Dusky Thrush
Turdus eunomus

体型中等，体长约25 cm。浅色而突出的眉纹和下体满布近三角状的鱼鳞斑纹是其很好的辨认特征，尾羽深褐色，有的亚种红褐色。雌雄相近，但此鸟颜色较为暗淡。栖息生境多样，山区林地、农田、灌丛、城市园林等生境都可见到。习性与赤颈鸫相似。我国大部分地区都有分布，为旅鸟或冬候鸟。

宝兴歌鸫 Chinese Thrush
Turdus mupinensis

体型中等的鸫，体长约 23 cm。上体褐色，下体皮黄色而具明显的黑点，耳羽后侧具黑色斑块，白色的翼斑醒目。一般单独或成对活动，于林下灌丛或地面取食，主要以昆虫为食。我国特有鸟类，分布于河北、北京、山西、陕西、甘肃、青海、内蒙古（东部）、云南、贵州、四川、重庆、湖南、湖北、广西、浙江等地。

鹟科 Muscicapidae

红尾歌鸲 Rufous-tailed Robin *Larvivora sibilans*

体型小，体长约 13 cm。上体褐色，胸具鳞状斑纹，尾棕褐色，眉纹短浅，两胁灰色。栖息于茂密多荫的生境，地面活动。除西北地区外，分布于全国各地。

蓝歌鸲 Siberian Blue Robin
Larivora cyane

体型中等，体长约 15 cm。雄鸟蓝白色搭配，容易辨认。雌鸟上体橄榄褐色，下体棕白色，腰蓝色，有时尾巴也会不同程度显蓝色。站立时身体角度较平，腿显得较长。在山区林地或近水灌丛生境栖息，迁徙季节在平原稀树林、果园、

● 蓝歌鸲（雄）

苗圃、城市园林中也可见到，在地面蹦跳前进觅食。在东北及华北地区针阔混交林繁殖，迁徙季节经过东部大部分地区，在华南和东南一带越冬。

红喉歌鸲 Siberian Rubythroat
Calliope calliope

体型中等，体长约 16 cm。白色的眉纹和颊纹非常醒目。雄鸟喉部大面积的鲜红色是辨认的最好特征。雌鸟与雄鸟相似，只是喉部白色，有些个体也会带有浅淡的红色。繁殖期内叫声婉转悦耳，鸣叫时有翘尾的动作。多栖息于低山丘陵、林缘灌丛。在东北北部、青海东北部、甘肃及四川繁殖，迁徙季节在东部大部分地区都可见，在南方越冬。

蓝喉歌鸲 Bluethroat
Luscinia svecica

　　艳丽的小鸟，体长约15 cm。外侧尾羽基部的棕红色是其很好辨认的标志，飞行时也很容易看到。雄鸟喉部具蓝色、橙色、白色组成的花纹，与黑色颊纹搭配，非常漂亮。雌鸟相对于雄鸟蓝色和橙色的区域为白色，且胸部具由黑色点斑组成的胸带。栖息于湿地周围的灌丛或芦苇，活动隐蔽。叫声悦耳动听。在东北北部和西北北部地区繁殖，迁徙时大部分地区都可见，在华南部分地区越冬。

● 红胁蓝尾鸲（雌）

● 红胁蓝尾鸲（雌）

红胁蓝尾鸲 Orange-flanked
Bluetail *Tarsiger cyanurus*

　　体型小，体长约15 cm。无论雌雄，都具红棕色的胁部和蓝色的尾巴，由此得名，也是最好的辨认特征。雄鸟上体大部分为灰蓝色，而雌鸟相应的区域为灰褐色。栖息于山地森林及次生林下的潮湿处，主要捕食昆虫。迁徙途中在城市园林内也可见到。在东北及西南部分地区繁殖，迁徙季节见于东部大部分地区，在长江以南地区越冬。

鹊鸲 Oriental Magpie Robin
Copsychus saularis

体型大，体长约 23 cm。雄鸟黑白相间，整个头部、喉、胸和背部黑色（阳光下为深辉蓝黑色）。翅黑色具白色长条斑。雌鸟相对于雄鸟黑色区域为深灰色。尾时常竖起。喜好在开阔地觅食活动，捕食昆虫。在公园、村庄附近、开阔林地周围都很常见，黄河以南地区极为普遍。

● 鹊鸲（雌）

● 鹊鸲（雄）

白喉红尾鸲 White-throated Redstart *Phoenicuropsis schisticeps*

体型中等，体长约15 cm。整体色彩艳丽，特征为黑色喉部中央具白色斑块，头顶、颈和背部辉蓝。黑色翅具白色长条，下体深棕色。通常活动于高海拔灌丛，喜站枝头，捕食行为似鹟类。分布于青海东部、甘肃、宁夏、陕西南部、藏南、滇西北、四川、湖北。

蓝额红尾鸲 Blue-fronted Redstart *Phoenicuropsis frontalis*

体型中等，体长约16 cm。易与仙鹟混淆，但头、背、喉和胸部的蓝色不为鲜艳的辉蓝色，尾部具特殊的"T"形黑色纹。腹部、尾下和腰棕色，翅黑色。栖息于高海拔山区，常单独活动，尾喜上下抖动。分布于青海东南部、内蒙古、甘肃、宁夏、陕西南部、湖北、四川、重庆、贵州、云南、西藏。

赭红尾鸲 Black Redstart
Phoenicurus ochruros

体型中等，体长约 15 cm。头、喉、胸和背黑色。腹部、腰和外侧尾羽浅棕色。通常活动于较高海拔开阔地带的各种生境，部分冬季南迁。分布于内蒙古、山西、湖北、河北、山东、西北、西南、香港、台湾及海南。

黑喉红尾鸲 Hodgson's Redstart *Phoenicurus hodgsoni*

体型中等，体长约 15 cm。喉黑色，与北红尾鸲的区别是头顶的灰白色一直延伸到背部，翅膀上的白斑明显更小，脸和翅膀的黑色更浅。喜高海拔开阔地带灌丛，通常近溪流。分布于青海东部、甘肃、宁夏、陕西南部、藏南、云南西北部、四川、重庆、湖北、湖南。

● 北红尾鸲(雌)

北红尾鸲 Daurian Redstart
Phoenicurus auroreus

体型小，体长约 15 cm。无论雌雄，翅膀上都有醒目的白色斑块和棕红色的腰和尾。雄鸟头顶银灰色，脸侧和上体的黑色与下体的红棕色对比，很容易辨认。雌鸟褐色，腹部色较淡。栖息生境多样，从山地林区到平原、村落附近及城市园林中都能见到。常停落于较为突出的地方，停落时有上下摆尾的习惯。主食昆虫，也食少量植物种子。除西部少数地区外，遍及全国各地。

● 北红尾鸲(雄)

红尾水鸲 Plumbeous Water Redstart
Rhyacornis fuliginosa

体型小，体长约 14 cm。雄鸟尾羽及尾上覆羽和尾下覆羽都为栗红色，与其余部分的蓝灰色形成鲜明对比，特征明显，易于辨认。雌鸟尾羽基部白色，尾端黑色，上体青灰色，下体白色满布深色鱼鳞纹。幼鸟与雌鸟相似，但上体具白色点斑。单独或成对活动，栖息于山地溪流附近，常站立于溪流中突出的砾石上，不停地打开尾羽。在东北南部以南地区都有分布，多为留鸟。

● 红尾水鸲（雌）

● 红尾水鸲（雄）

白顶溪鸲 White-capped Water Redstart *Chaimarrornis leucocephalus*

体型较大，体长约19 cm。雌雄同色，白色的头顶，脸、喉、上胸、背和翅黑色。腹部、尾下腹羽及尾羽棕色。尾端黑色。栖息于山区溪流附近，高可至海拔4 000 m，但冬季下降到较低处。常停落在小溪边或溪流中突出的石头上，降落时会不停地点头并抽动尾巴。华北、华中及西南大部分地区的适宜生境中都有分布，为留鸟，在南方一些地区为冬候鸟。

白尾蓝地鸲 White-tailed Robin *Myiomela leucurum*

体型大，体长约18 cm。整体色深，近蓝黑色。头顶和背为辉蓝色似仙鹟，脸和下体全黑色。外侧尾羽具白边，有时不明显。性隐蔽，活动于浓密灌丛。分布于陕西、宁夏、甘肃、西南部、湖北、浙江、广东、广西、河北、山西、台湾等地。

● 白尾蓝地鸲（雄）

紫啸鸫 Blue Whistling Thrush
Myophonus caeruleus

体型较大的黑紫色鸫，体长约 30 cm。在光线较好时，羽毛会闪烁出光亮的小点，很好辨认。栖息于山地林区的溪流附近及多岩石的生境。停栖时常不断地打开尾羽，上下摆动。取食昆虫、鱼、浆果。叫声尖锐，与白冠燕尾的叫声有些相似。在华北及以南地区和西藏南部都有分布，在北方为夏候鸟，长江以南地区为留鸟。

小燕尾 Little Forktail
Enicurus scouleri

体型小，体长约 13 cm。黑白相间，尾短，很好辨认。具白色翼斑。栖息于山涧多岩石的湍急溪流旁，瀑布旁边尤为常见。尾巴常有节律地上下摆动或打开。在长江以南大部分地区广泛分布，为留鸟，冬季有时迁到海拔较低的地区。

灰背燕尾 Slaty-backed Forktail *Enicurus schistaceus*

　　体型中等的燕尾，体长约 23 cm。通体灰黑色及白色，与其他燕尾的区别在于头顶及背灰色。单独或成对活动于山间溪流旁，常停息在水边乱石或在激流中的石头上。以水生昆虫等为食。分布于云南、四川及华南地区。

白额燕尾 White-crowned Forktail *Enicurus leschenaulti*

　　体型中等的燕尾，体长 25~28 cm。通体黑白色，前额白色。头余部、颈背、喉部及胸黑色。腹部、下背及腰白色。白色翅斑。尾叉甚长而醒目。幼鸟褐色以区别于成鸟的黑色。栖息于山涧溪流与河谷沿岸，常单独或成对活动。性胆怯，平时多停息在水边或水中石头上。在浅水中觅食，主要以水生昆虫为食。分布于华中、华南和西南地区。

黑喉石䳭 Siberian Stonechat *Saxicola maurus*

● 黑喉石䳭（雌）　　　　　　　● 黑喉石䳭（雄）

　　体型较小，体长约 14 cm。雄鸟头部及飞羽黑色，背深褐色，颈及翼上具粗大的白色斑，腰白色，胸棕色。雌鸟色较暗而无黑色，下体皮黄色，仅翼上具白色斑。栖息于开阔生境，成对或单独活动，常立于灌丛或农作物顶部、电线等处，跃下地面捕食猎物，主要以昆虫为食，是一种分布广、适应性强的灌丛草地鸟类。分布于全国各地。

灰林䳭 Grey Bushchat *Saxicola ferreus*

　　体型中等，体长约 15 cm。雄鸟灰色，具白色眉纹和黑色脸罩，喉部白色，胸部及两胁烟灰色，翅和尾黑色。雌鸟和幼鸟褐色，但雌鸟下体据鳞状斑纹。喜开阔灌丛及耕地，常在同一地点长时间停栖，尾摆动。于地面或飞行中捕捉昆虫。分布于内蒙古、北京、甘肃、长江以南地区。

沙鵰 Isabelline Wheatear *Oenanthe isabellina*

体型略小，喙偏长，沙褐色的鵰鸟，体长约 16 cm。偏粉无黑色脸罩，翼色较浅，尾较黑基部白色。雄雌同色但雄鸟眼先较黑，眉纹及眼圈苍白。活动于有矮树丛的荒漠。常点头。分布于西北部、山西、河北北部、上海、台湾。

穗鵰 Northern Wheatear *Oenanthe oenanthe*

体型略小的沙褐色，体长约 15 cm。两翼深色腰白色。夏季雄鸟额和眉纹白色，眼先和过眼纹黑色。冬季雄鸟头顶及背皮黄褐色，翼、中央尾羽及尾羽尖部多黑色，胸棕色，腰及尾侧缘白色。雌鸟色暗。活动于开阔原野。领域性强。常点头。分布于新疆、宁夏、内蒙古、陕西、山西、河北、台湾。

白背矶鸫 Common Rock Thrush
Monticola saxatilis

体型略小，体长约 19 cm。两种色型。夏季雄鸟背白色，翼褐色，尾栗色，中央尾羽蓝色。冬季雄鸟体羽黑色，羽缘扇贝形白色斑纹。雌鸟色浅，上体点斑浅色，尾赤褐。栖息于突出岩石或裸露树顶，单独或成对活动。分布于新疆西北部、青海、甘肃、宁夏、内蒙古、陕西、山西及河北。

● 白背矶鸫（雄）

蓝矶鸫 Blue Rock Thrush
Monticola solitarius

体型中等，体长约 23 cm。雄鸟通体灰蓝色，上体灰蓝色，腹部呈栗红色；雌鸟颜色黯淡，下体皮黄色而满布深色的鱼鳞纹。栖息生境多样，在山区近水的石滩、多岩石的山地、丘陵都可见到，城市公园中偶尔也可见，常单独或成对活动。站立姿势较直，喜立于较突出的岩石、屋角或枯树枝上，俯冲向地面捕捉昆虫。我国广泛分布，在东北及华北地区为夏候鸟，其他地区为留鸟。

● 蓝矶鸫（雌）

乌鹟 Dark-sided Flycatcher
Muscicapa sibirica

体型略小，体长约 13 cm。与其他鹟的区别是白色下体的胸部和两胁为密集连成片的褐色纵纹带。上体褐色，白色眼圈，喉白色并具白色半颈环，翼长至尾的 2/3。通常活动于山区、森林，典型鹟类习性，立于枝头等待食物。分布于除西北地区以外的大部分地区。

北灰鹟 Asian Brown Flycatcher
Muscicapa dauurica

体型略小，体长约 13 cm。与乌鹟的区别是整体色更浅，翼尖至尾中部，无颈环。上体褐色，下体白色，胸和两胁浅灰色。具有鹟类共有的行为特征。喜停落于较突出的枝头，然后飞出捕食空中过往的昆虫，再飞回原处。栖息生境多样，几乎各种林型都可见到，迁徙季节在低地稀疏林区、林缘、农田周围的灌丛及城市园林中都可见到。在东北地区繁殖，迁徙时东部大部分地区都可见，在华南及东南地区为冬候鸟。

白眉姬鹟 Yellow-rumped Flycatcher
Ficedula zanthopygia

体型小，体长约 13 cm。雄鸟颜色鲜艳，白眉、白翅斑，下体和腰鲜黄色醒目，容易辨认。雌鸟灰绿色，腰部黄色也十分显眼，飞行时清晰可见，下体浅黄色，喉和前胸具深色鱼鳞纹。栖息于山区针叶林和针阔混交林，迁徙时见于多种林型，城市园林中也可见到。在东北、华北、华中及华东地区的阔叶林及针阔混交林的树洞里繁殖，迁徙季节经过南方各地。

● 白眉姬鹟（雌）

● 白眉姬鹟（雄）

黄眉姬鹟 Narcissus Flycatcher *Ficedula narcissina*

　　体型略小，体长约 13 cm。眉纹黄色，喉橙黄色，胸浅黄色。背黑色，具长条白色翼带。典型鹟类习性。分布于华东和华南沿海地区。

绿背姬鹟 Green-backed Flycatcher *Ficedula elisae*

　　体型略小，体长约 13 cm。上体暗绿色，黄色眉纹不明显，下体黄色，具长条白色翼带。雌鸟较雄鸟颜色更暗，翅斑细长不明显，且尾羽暗棕色。典型鹟类习性。在华北地区繁殖，越冬至东南亚地区。

鸲姬鹟 Mugimaki Flycatcher *Ficedula mugimaki*

体型小，体长约 13 cm。翅膀较长，静立时翅尖超过尾长 1/2。雄鸟上体黑色为主，下体橙红色，翅上具大面积的白色斑块，眼后具白斑，外侧尾羽基部白色，飞行时也可见。雌鸟颜色黯淡，眼后无明显白斑，白色翅斑狭窄，尾羽全为灰褐色。常单只出现，栖息于山区林地，喜在林缘、林间空地活动，城市公园中也有出现，捕食昆虫，常打开并抽动尾巴。在东北地区繁殖，迁徙季节东部大部分地区都可见，在东南地区为冬候鸟。

锈胸蓝姬鹟 Slaty-backed Flycatcher
Ficedula sordida

体型略小，体长约 13 cm。上体暗灰蓝色，翅膀下半部棕褐色，喉胸棕红色，腹部白色。与蓝喉仙鹟和山蓝仙鹟的区别是身体的蓝色暗淡无辉光。雌鸟整体褐色。喜较高海拔针叶林，站立树枝间鸣叫。分布于北京、甘肃南部、青海南部、西藏南部、云南、四川、湖北西部和山西。

红喉姬鹟 Taiga Flycatcher
Ficedula albicilla

褐色小鸟，体长约 13 cm。外侧尾羽基部白色而与尾部其他深色部分形成鲜明对比，野外很好识别。繁殖期雄鸟喉部橙红色，非繁殖期与雌鸟相似，喉部变为灰白色。有上举尾部的习惯，鸣叫时也常伴随着向上翘尾的动作。叫声为沙哑的"咯—咯"声，略微有些颤音。喜停落于林缘或开阔地的矮树上，城市园林中也经常见到。从栖息处飞出在空中捕捉飞虫。迁徙季节在东部地区都可见到，但仅在东北最北部繁殖，海南一带有越冬群体。

白腹蓝鹟 Blue-and-white Flycatcher *Cyanoptila cyanomelana*

● 白腹蓝鹟（雄）

体型较大的蓝白两色鹟，体长约 17 cm。雄鸟很好辨认，上体辉蓝色，脸、喉和上胸黑色。腹部和尾下白色。外侧尾羽基部为白色，当它在枝叶间飞行时也清晰可见。雌鸟相对于雄鸟蓝色的区域为灰褐色，喉中央为白色，尾羽全为褐色。栖息于山地林区，有时在园林中也可见到。在树的较高处捕食昆虫。在东北及华北北部繁殖，迁徙季节东部大部分地区都可见到，在海南、台湾越冬。

● 白腹蓝鹟（雌）

铜蓝鹟 Verditer Flycatcher
Eumyias thalassinus

体型略大的鹟，体长 15~17 cm。体色几乎以蓝绿色为主，仅眼先黑色，尾下具黑白的鳞状斑纹。脚及喙的颜色铅灰色。雌性似雄鸟，但是颜色黯淡。栖息于海拔 3 000 m 以下的森林地带，越冬至花园、红树林。习性似其他鹟类。分布于华中、华南及西南山区，为常见夏候鸟。

山蓝仙鹟 Hill Blue Flycatcher *Cyornis banyumas*

体型中等，体长约 15 cm。蓝、橘黄色及白色(雄鸟)和近褐色(雌鸟)。雄鸟上体深蓝色。额及短眉纹钴蓝。脸部近黑。颏及整个喉橘黄，胸部及两胁橙黄色。腹白色。腰无闪光。雌鸟上体褐色，眼圈皮黄色，下体较淡。常静立不动。从低处捕食。分布于四川南部、云南及贵州、湖南、广西。

● 山蓝仙鹟(雄)

● 山蓝仙鹟(雌)

大仙鹟 Large Niltava
Niltava grandis

体型大，体长约 21 cm。上体蓝色，头顶、颈侧条纹、肩和腰辉蓝色。喉和脸黑色，其余下体蓝黑色。雌鸟体褐色，颈侧条纹辉蓝色。喉中央浅黄色。喜常绿阔叶林，单独活动于森林中层，冬季垂直迁移。分布于甘肃、西藏南部和云南。

● 大仙鹟（雌）

● 大仙鹟（雄）

戴菊科 Regulidae

戴菊 Goldcrest *Regulus regulus*

体型小，体长约9 cm。体羽橄榄绿色。雄鸟头顶中央为前窄后宽橙色斑，斑两侧各具1条黑色纹，翅具2道翼斑。雌鸟头顶中央纹为柠檬黄色。栖息于松柏林里，在树枝上不断跳跃。在西南山区为留鸟，繁殖于东北地区，越冬至华东和台湾，另有部分于天山越冬或留鸟。

太平鸟科 Bombycillidae

太平鸟 Bohemian Waxwing *Bombycilla garrulus*

体型大，体长约19 cm。形态特征一目了然，容易辨认。与相似种小太平鸟的主要区别为其尾羽端部是黄色，翅膀三级飞羽羽端及外侧覆羽羽端白色，形成白色带，飞行时尤为明显。多成群活动，在乔树上或灌木上觅食浆果，有时也会飞至城市园林中觅食。分布于东北、华北以及华中和西北部分地区，在南方偶见零星个体，为冬候鸟。

小太平鸟 Japanese Waxwing *Bombycilla japonica*

　　体型大，体长约 17 cm。形态与太平鸟很相似，但比其小。翅上无白斑，尾端红色。习性与太平鸟相似。在东北最北端有不稳定的繁殖记录，冬季分布于东北南部、华北及华东地区。

叶鹎科 Chloropseidae

橙腹叶鹎 Orange-bellied Leafbird
Chloropsis hardwickii

体型略大而色彩鲜艳的叶鹎，体长约 20 cm。上体绿色，下体浓橘黄色，两翼及尾绿色，脸罩及胸兜黑色，髭纹蓝色。雌鸟体多绿色，髭纹蓝色。清亮的鸣声及哨声，常模仿其他鸟的叫声。性活跃，以昆虫为食。栖息于森林各层。分布于西藏、云南、海南及湖北以南的华南地区。

啄花鸟科 Dicaeidae

纯色啄花鸟 Plain Flowerpecker
Dicaeum concolor

体型较小的啄花鸟，体长约 8 cm。尾较短。上体橄榄绿色，下体为浅灰黄色，眼先部位较为暗淡，翼角具白色羽簇。性活跃，栖息于耕作区、次生林及山地林，常出现在寄生槲类植物及其他肉质果植物中，或在光秃的树枝上鸣叫。分布于湖南、四川、华南以及台湾、海南等地。

红胸啄花鸟 Fire-breasted Flowerpecker
Dicaeum ignipectus

体型较小的啄花鸟，体长约9 cm。尾较短。雄性上体深蓝色，下体颜色鲜艳。颏部或喉部白色，胸部上方红色，胸部下方、腹部及腰淡黄色，胸部到腹部中央具深色纵纹。雌鸟上体橄榄绿色，下体皮黄色。与纯色啄花鸟的区别在于颏部和下体较深，臀部颜色较浅，腹侧为暖皮黄色。性活跃，常出现在海拔800~2 500 m的山区落叶林中，多光顾树顶的槲寄生植物。分布于华中、华南、西南以及台湾。

花蜜鸟科 Nectariniidae

黄腹花蜜鸟 Olive-backed Sunbird
Cinnyris jugularis

体型较小的花蜜鸟，体长约10 cm。腹部灰白色。雄鸟颏和胸黑紫色，胸带绯红或灰色，肩斑橙黄色，上体橄榄绿色。雌鸟无黑色，上体多橄榄绿色，下体近黄色，眉纹浅黄色。性吵嚷，结小群活动于林园。分布于云南南部、广东、广西及海南。

蓝喉太阳鸟 Mrs Gould's Sunbird *Aethopyga gouldiae*

　　体型略大的太阳鸟，体长约 14 cm。雄鸟上体猩红色，顶冠、颊部、颏部和喉部蓝色。腰部黄色，蓝色尾较长，下体胸猩红色或黄色具少量猩红色条纹，其余部分黄色。雌鸟上体橄榄色，下体绿黄色，颏及喉烟橄榄色，腰浅黄色有别于其他种类。春季常取食于杜鹃灌丛，夏季于悬钩子。分布于华中及西南地区。

叉尾太阳鸟 Fork- tailed Sunbird *Aethopyga christinae*

● 叉尾太阳鸟（雌）

不算尾羽针状的延长部分，雄鸟体长约 9 cm，整体显得娇小。头顶蓝绿色闪金属光泽十分突出，喉和胸部暗红色，野外观察由于光线原因常呈近黑色。雌鸟似蓝喉太阳鸟雌鸟，但喉部为浅黄色，且上体更偏绿色。栖息于低山及平原地区的林地，在花期植物上常可见到其取食花蜜的身影，在村落附近、城市园林中也可见到。常发出如金属撞击般的响亮叫声，同时伴有抖翅并左右摆动身体的动作。在南方较为常见，为留鸟。

● 叉尾太阳鸟（雄）

黄腰太阳鸟 Crimson Sunbird *Aethopyga siparaja*

体型中等，体长约 13 cm。雄鸟额和头顶金属绿色，喉、颈、胸、背红色，腹部深灰色。雌鸟暗橄榄绿色，两翼及尾不沾红色。单独或成对光顾种植园及森林边缘的刺桐丛及类似的花期树木。分布于云南、广西和广东等地。

岩鹨科 Prunellidae

领岩鹨 Alpine Accentor
Prunella collaris

体型大的褐色具纵纹的岩鹨，体长约 17 cm。喙近黑色，下喙基鲜黄色。背部具纵纹，翅上具 2 道清晰的白色翅斑，与黑色的翼上覆羽形成对比。胁部具栗色的粗纵纹，喉白色而具由黑点组成的数圈横斑。飞行时，整体显得色彩黯淡，振翅有力，感觉像鹀。常结小群出没于中山至低山带的多岩地带。繁殖于青藏高原以及东北、华北到川陕的高山地带，在新疆、青海、西藏为留鸟。

鸲岩鹨 Robin Accentor
Prunella rubeculoides

体型中等，体长约 16 cm。头、喉灰色。胸棕色，腹部白色。背具黑色纵纹，翅具白色翼带。栖息于高海拔草甸和灌丛，喜站立枝头。分布于甘肃、西藏、青海、云南、四川。

棕眉山岩鹨 Siberian Accentor *Prunella montanella*

　　体型略小，体长约 15 cm。棕黄色眉纹较其他岩鹨明显更为粗大。背具栗色纵纹，喉部淡黄色，下体色浅。头和过眼纹黑色。栖息于森林、灌丛和山地农田。在黑龙江、吉林为旅鸟，越冬于北方，南方可至四川、上海。

褐岩鹨 Brown Accentor *Prunella fulvescens*

体型略小，体长约 15 cm。眉纹白色，下体棕白色或近白色。不同亚种整体色调深浅不同。栖息于高海拔灌丛和碎石带。分布于西部地区。

栗背岩鹨 Maroon-backed Accentor *Prunella immaculata*

体型略小，体长约 14 cm。头、脸、喉和胸均灰色。背和腰深栗色，无纵纹，翅具灰色羽缘，臀棕色。栖息于高山灌丛、草甸和针叶林。喜集群并于地面觅食。分布于陕西、甘肃、西藏、云南、青海、四川。

梅花雀科 Estrildidae

白腰文鸟 White-rumped Munia
Lonchura striata

灰褐色的小鸟，体长约11 cm。背上具白色纵纹，腰部具大面积的白色，腹部色淡，飞行时尤为显眼。栖息生境十分多样，通常在海拔较低的地区，农田、灌丛、林缘、城市园林中都可见到。通常结小群活动，在作物收获季节常结群到田地中觅食种子。不怕人，走至很近才会起飞。分布于黄河以南地区，为留鸟。

斑文鸟 Scaly-breasted Munia
Lonchura punctulata

体型大小和形状与白腰文鸟相当，但整体颜色较浅，体长约11cm。脸颊和喉部红褐色，腰部无白色斑，下体具深褐色鱼鳞状纹。亚成鸟颜色较暗淡，且无斑纹。栖息于丘陵山地及平原地区的灌丛、农田等开阔生境，城市园林中也可见到。喜结群活动。在长江以南大部分地区都有分布，为留鸟。

雀科 Passeridae

山麻雀 Russet Sparrow
Passer cinnamomeus

体型与麻雀相似，但羽色差异较大，体长约 14 cm。雄鸟头顶、背部至腰部都为鲜艳的栗红色，脸颊白色。雌鸟羽色较黯淡，具显眼的浅色眉纹和深色过眼纹。结群活动，栖息于山区开阔林地及农田周围的灌丛中，也会出现在村落附近，一般不会与麻雀同时出现。

● 山麻雀（雌）

觅食植物种子，农作物成熟季节也会结群到农田中取食。在华北及以南的大片地区普遍分布，多为留鸟。

● 山麻雀（雄）

麻雀 Eurasian Tree Sparrow
Passer montanus

体型短小而稍胖，体长约14 cm。人们最为熟悉的一种小鸟，脸颊具黑色的点斑，很好辨认，幼鸟的这一特征不太明显。与人类关系密切，在无人居住的地方几乎找不到这种鸟。因秋收季节常集群到农田中取食稻谷而被农民所讨厌，但繁殖期也吃大量昆虫。在全国各地都有分布，为留鸟。

白斑翅雪雀 White-winged Snowfinch *Montifringilla nivalis*

小型雀，体长 16~18 cm。雌雄相似。成鸟头灰色，喉部黑色，背褐色，腹部皮黄色。幼鸟似成鸟但头部皮黄褐色。栖息于高海拔的冰川及融雪间的多岩山坡。繁殖期外结成大群，常与其他雪雀及岭雀混群。甚不惧生。分布于新疆、西藏。

● 白斑翅雪雀（雄）　　　　● 白斑翅雪雀（雌）

白腰雪雀 White-rumped Snowfinch
Onychostruthus taczanowskii

小型雀，体长 14~18 cm。雌雄相似。眼先黑色。成鸟整体颜色较淡，背部具明显黑色纵纹，白腰明显。幼鸟近褐色，腰无白色。栖息于多裸岩的高原、高寒荒漠、草原及沼泽边缘。分布于西藏、青海、四川、甘肃。

棕颈雪雀 Rufous-necked Snowfinch
Pyrgilauda ruficollis

小型雀，体长 14~16 cm。雌雄相似。成鸟整体棕褐色，头部、颈部棕褐色，髭纹黑色，颏及喉白色。幼鸟色较黯淡，可见淡栗色耳羽。栖息于多裸岩的高原、草地及草原等地。分布于新疆、西藏、青海、四川、甘肃等地。

棕背雪雀 Blanford's Snowfinch
Pyrgilauda blanfordi

小型雀，体长约 15 cm。相似于棕颈雪雀，但颏及喉黑色，额中央具黑色纵纹。习性与分布与棕颈雪雀相同。

鹡鸰科 Motacillidae

山鹡鸰 Forest Wagtail
Dendronanthus indicus

体型与其他种的鹡鸰相似，体长约 18 cm。胸部具 2 道黑色横斑，翅膀具 2 道宽阔的白色斑，飞行时也可见到，容易辨认。栖息生境与其他鹡鸰不同，一般在较开阔的林区地面活动。尾巴会小范围地左右摆动，而不似其他鹡鸰那样上下摆动，受惊后也不远飞，飞至几米外便会落下，通常停栖于树上，叫声金属声重。在东部各地普遍分布，多为夏候鸟，在南方越冬。

黄鹡鸰 Eastern Yellow Wagtail
Motacilla tschutschensis

体型中等，体长约 18 cm。繁殖期下体从喉至尾下覆羽都为鲜黄色。无论冬夏，脚总是黑色的，借此与灰鹡鸰可以区分。非繁殖期羽色偏浅褐色，喉部黄色变白色。喜在稻田、沼泽及河流周围活动，捕食昆虫。活动时尾会上下摆动，为鹡鸰的共有特征（山鹡鸰除外）。在东北北部繁殖，迁徙时大部分地区可见，在南部越冬。

黄头鹡鸰 Citrine Wagtail
Motacilla citreola

体型中等的鹡鸰，体长约 18 cm。雄鸟头部和下体的明黄色为其显著特征。后颈具宽阔黑色斑，背部灰色，翅黑色具 2 道白色翼斑，尾黑色，外侧尾羽白色。主要栖息于沼泽、湖泊、河流等湿地附近，常成对或集小群活动，栖息时尾常上下摆动。分布于全国各地。

灰鹡鸰 Gray Wagtail
Motacilla cinerea

体型中等，体长约 19 cm。雄鸟繁殖期喉部为黑色，雌鸟与非繁殖期的雄鸟喉部为白色。羽色上与黄鹡鸰接近，但尾显得较长，而且脚为粉色。黄色的腰与周围的羽色对比明显，飞行时尤为显眼。习性与黄鹡鸰相似。在西北少数地区、华北、华中、东北地区都有繁殖，冬季南迁，越冬时遍及南方。

白鹡鸰 White Wagtail
Motacilla alba

体型中等，体长约 19 cm。由黑、白、灰三种颜色组成，较好辨认。背部黑色或灰色，翅黑色或灰色具明显的白斑，下体白色，胸部黑色斑大小各异，尾黑色其外侧尾羽白色。雌鸟及幼鸟羽色较灰暗。幼鸟下体偏淡黄色。有水的地方几乎都可以见到这种鸟。我国有多个亚种，在长江以北、西南、西北地区繁殖，在南方地区普遍为留鸟，在海南为冬候鸟。

田鹨 Richard's Pipit
Anthus richardi

我国体型最大的鹨，体长约 18 cm。眉纹、眼先、颏、喉均色浅。尾长，腿强壮而色浅，后爪甚长。整体沙褐色，上体褐色，顶冠、背、肩具深色纵纹。下体由胸部至两胁黄褐色，其余部分偏白色。下颈及上胸具狭窄的深色纵纹。栖息于开阔的平原、草地、农田等地。常单独或成对活动，多贴地面飞行。分布于全国各地。

树鹨 Olive-backed Pipit
Anthus hodgsoni

体型中等的鹨鸟，体长约 16 cm。上体大部分橄榄绿色，胸及两胁黄色，且满布较粗的黑色纵纹。体色与其他种类的鹨区别较大。眉纹白色，耳羽后具一白色圆斑，通过以上特征综合判断很好辨认。经常成小群活动于开阔林地及耕地，比其他鹨更喜欢有树的生境，且更喜上下摆尾，惊飞时常落到附近的树上或电线上。在东北、华北、华中及西南地区繁殖，迁徙季节经过东部地区，在南方为冬候鸟，在西南小面积地区为留鸟。

粉红胸鹨 Rosy Pipit
Anthus roseatus

体型中等的鹨，体长约 15 cm。同其他鹨一样身体密布纵纹，眉纹显著。头顶的颜色灰色，背部橄榄绿色，胸部到腹部无纵纹，粉红色。非繁殖期下体灰色，眉纹皮黄色，胸及两胁密布纵纹。性隐匿。分布于中部，繁殖期可见于海拔 2 000 m 至林线以上的草甸，越冬至云南等温暖的山脚、丘陵及平原。

红喉鹨 Red-throated Pipit
Anthus cervinus

体型中等，体长约15 cm。体羽棕红色，喙较细长。繁殖期头侧、喉至上胸为棕红色，胸部黑褐色纵纹淡。非繁殖期纵纹深。迁徙时喜欢平原、农田。除宁夏、西藏、青海外，分布于全国各地。

黄腹鹨 Buff-bellied Pipit *Anthus rubescens*

体型略小的鹨，体长约15 cm。上体暗淡具模糊纵纹，下体淡黄色。胸部至两胁的纵纹多有差异，繁殖期为橙黄色或棕黄色，黑色纵纹较细，上体灰褐色。常单独或成对活动，飞行呈波浪形。除宁夏、青海、西藏外，分布于全国各地。

水鹨 Water Pipit *Anthus spinoletta*

　　体型中等的鹨，体长 15.5~17 cm。体色偏灰而具纵纹。繁殖期下体粉红色而无纵纹，眉纹粉红色，较为明显。非繁殖期眉纹转为皮黄色，下体白色，无纵纹，但胁部及胸部具较密的黑色粗纵纹。繁殖于欧亚大陆北侧的山地草甸、草原。在东部、南部地区的平原湿地、稻田等生境越冬。

燕雀科 Fringillidae

燕雀 Brambling *Fringilla montifringilla*

● 燕雀（雌）

体型似麻雀而较大的鸟，体长约 16 cm。繁殖期的雄鸟拥有黑色的头及颈背与棕红色胸羽，对比鲜明，容易辨认。无论雌雄，肩部都具醒目的白色斑纹，腰白色，飞行时尤为明显。雌鸟和非繁殖期的雄鸟相似，头及上背显得斑驳。栖息于山地林间空地、农田及城市园林中。多成小群活动，迁徙时也结成很大的群体，取食植物种子。在新疆、东北、华北、华中及华南地区为冬候鸟或旅鸟。

● 燕雀（雄）

白斑翅拟蜡嘴雀 White-winged Grosbeak *Mycerobas carnipes*

大型雀，体长 20~22 cm。初级飞羽基部具白色斑。雄鸟头部、胸及上体黑色，腹部黄色。雌鸟及幼鸟具明显黑色纵纹。栖息于略低海拔的针叶林及混交林。分布于西部地区。

锡嘴雀 Hawfinch *Coccothraustes coccothraustes*

中型雀，体长约 17 cm。偏褐色，喙硕大铅灰色，眼周及喉部黑色，容易辨认。雌雄几乎相同，只是雌鸟羽色稍显暗淡。尾略凹，两道白色翅带和白色的尾端十分显眼。繁殖期见于山地各种林型，迁徙季节栖息的林型较为多样，城市园林中也可见到。成对或结小群活动。在东北中北部繁殖，迁徙时经过东部地区，从东北南部至华南一带都有越冬。

黑尾蜡嘴雀 Chinese Grosbeak
Eophona migratoria

体型大，体长约 20 cm，较敦实。为整体色调偏暖的蜡嘴雀，特别是两胁的棕红色易于与其他种类的蜡嘴雀区分开来。喙黄色，尖端多为黑色。雄鸟头部黑色区域很大，几乎覆盖整个头部，雌鸟头部几乎与身体同色。在较稀疏的林地、果园及城市园林中都可见到，多结成小群活动。也常下到地上觅食植物种子，飞行时整个翼缘白色可见。在东北至华中地区都有繁殖，冬季自华北向南普遍存在越冬群体。

黑头蜡嘴雀 Japenese Grosbeak *Eophona personata*

体型大，体长约 23 cm。雌雄同色，喙黄色硕大。与黑尾蜡嘴雀雄鸟相似，但体型更大，且整体色调偏冷，多显灰色，头部黑色区域小，黑色的后缘贴近眼睛，两胁也不显棕红色，飞行时翅膀无白色边缘。繁殖期栖息于山地针叶林及针阔混交林，多在林上层活动，有时也会在林缘或村落附近出现，冬季常结小群活动。在东北东部地区为夏候鸟，迁徙季节经过东部大部分地区，在华南及东南地区越冬，冬季也会有少量个体留居在北方繁殖地。

褐灰雀 Brown Bullfinch
Pyrrhula nipalensis

小型的灰色雀，体长约16.5 cm。尾长，喙强大有力，尾及两翼绿紫色，翼上块斑浅色，腰白色。雄鸟额具斑纹，脸罩黑色。雌鸟全身近黄灰色。结小群活动。飞行迅速。分布于西南部、陕西、江西、福建、广东及台湾。

红腹灰雀 Eurasian Bullfinch *Pyrrhula pyrrhula*

小型雀，体长15~17 cm。雄鸟喙基、眼先、眼周、闪亮的蓝黑色。背、肩灰色，下体红色，腰部白色。两翅黑褐色，翅上有一明显白色斑。雌鸟似雄鸟，但整体灰色。栖息于针叶林和针阔混交林。冬季下至低山和山脚地带的针阔混交林和林缘灌丛地带，有时也出现于人工林和果园。分布于黑龙江、吉林、辽宁、河北、新疆等地。

● 红腹灰雀(雄)　　　　　　● 红腹灰雀(雌)

巨嘴沙雀 Desert Finch *Rhodospiza obsoleta*

　　小型雀，体长 13~16 cm。成鸟喙亮黑，两翼粉红色。雄鸟眼先黑色，雌鸟眼先无黑色。栖息于林地、花园及果园。常成对或结小群活动。分布于陕西、内蒙古、宁夏、甘肃、新疆、青海。

林岭雀 Plain Mountain Finch
Leucosticte nemoricola

　　小型雀，体长 14~17 cm。雄雌相似的褐色岭雀。具浅色的眉纹和白色的细小翼斑。头部颜色较浅，腰部羽的羽端无粉红色。雏鸟较成鸟多棕色。栖息于多石的山坡和高山草甸。冬季下至海拔 1 800 m 于耕地边缘。分布于四川、甘肃、青海、新疆、西藏等地。为垂直迁移的候鸟。

普通朱雀 Common Rosefinch *Carpodacus erythrinus*

小型雀，体长约 15 cm。雄鸟大面积朱红色，翅和尾深褐色，下腹和尾下覆羽近白色。雌鸟橄榄褐色，下体色淡且具纵纹。幼鸟与雌鸟相似，但下体纵纹较多。栖息于山地阔叶林或针阔混交林，迁徙季节见于平原灌丛、农田、果园、城市园林等生境。单独、成对或结小群活动觅食，不上高树，多在地面活动，偶见飞到矮树上取食，飞行呈波浪状。在东北北部、华中及西部地区为夏候鸟，迁徙季节经过东部大部分地区，在长江以南地区越冬。

● 普通朱雀（雌）

● 普通朱雀（雄）

拟大朱雀 Streaked Rosefinch
Carpodacus rubicilloides

小型雀，体长 17~20 cm。雄鸟脸部、额部、胸部深红色，腹部、头顶深红色且具白色纵纹；颈背及背部灰褐色而具深色纵纹，腰粉红色。雌鸟灰褐色，腹部密布纵纹。栖息于高海拔的多岩流石滩及有稀疏矮树丛的高原。冬季见于村庄附近的棘丛。分布于内蒙古、青海、甘肃、四川、云南、西藏等地。

中华朱雀 Chinese Beautiful Rosefinch *Carpodacus davidianus*

小型雀，体长 14~15 cm。喙粗健，雄鸟上体褐色具黑纹较粗，雌鸟较淡多白色，少棕色。栖息于桧树及有矮小柈树的灌丛。分布于北京、河北、陕西、山西、内蒙古、甘肃。

酒红朱雀 Vinaceous Rosefinch
Carpodacus vinaceus

小型雀，体长 13~15 cm。整体颜色较深。雄鸟全身深绯红色，眉纹浅粉色。雌鸟整体褐色具深色纵纹。栖息于海拔 2 000~3 400 m 的山坡竹林及灌丛。常在近地面处单独或结小群活动。中国特有种，分布于西藏、四川、宁夏、重庆、贵州、甘肃、云南、台湾等地。

北朱雀 Pallas's Rosefinch *Carpodacus roseus*

小型雀，体长 15~17 cm。雄鸟头顶、胸部、腹部绯红色。具 2 道浅色翼斑。雌鸟褐色，背部具明显纵纹，额及腰粉色，下体皮黄色具纵纹。栖息于针叶林，但越冬在雪松林及有灌丛覆盖的山坡。分布于东北、华北、华中等地。

白眉朱雀 Chinese White-browed Rosefinch *Carpodacus dubius*

小型雀，体长 15~17 cm。雄鸟脸部、胸部、腹部红色，浅粉色的眉纹后端呈明显白色。雌鸟眉纹后端白色，与其他雌性朱雀的区别为腰色深而偏黄色。夏季栖息于高山及林线灌丛，冬季栖息于丘陵山坡灌丛。成对或结小群活动，有时与其他朱雀混群。取食多在地面。分布于青海、甘肃、宁夏、四川、云南、西藏等地。

金翅雀 Grey-capped Greenfinch *Chloris sinica*

体以灰褐色为主的小鸟，体长约 14 cm。翅膀具宽阔醒目的金黄色翅斑而得名，也是其重要的鉴别特征，飞行时尤为明显，仰视观察也可清晰看到，外侧尾羽基部也为金黄色。雌鸟颜色较为黯淡，幼鸟似雌鸟，并具深色纵纹。叫声有特点，为连续的金属颤音，容易记住。栖息于山区林地、旷野、灌丛等生境，城市园林中也可见到。冬季在山区分布的个体会迁到较低处活动。广泛分布于除新疆、西藏外的其他地区，为留鸟。

黄嘴朱顶雀 Twite *Linaria flavirostris*

小型雀，体长 12~15 cm。头顶无红色点斑，喙黄色且较小，颈部、背部多纵纹。体羽色深而多褐色，尾较长，腰粉红色或近白色。翼上及尾基部的白色较少。夏季栖于开阔山地、泥淖地及有林间空地的针叶林及混交林。取食多在地面，结群而栖。垂直迁移的候鸟。分布于新疆、西藏、内蒙古、青海、宁夏、甘肃、四川等地。

白腰朱顶雀 Common Redpoll *Acanthis flammea*

体型略小，灰褐色的雀，体长约 14 cm。头顶斑点红色。雄鸟褐色较重多纵纹，胸部粉红色。腰浅灰近褐色具黑色纵纹。雌鸟胸无粉红色。尾叉形。飞行迅速。结群活动。分布于北部、江苏、上海及台湾。

红交嘴雀 Red Crossbill
Loxia curvirostra

体型较为粗壮，体长约16 cm。雄鸟通体红色，钩喙弯曲明显。雌鸟为较暗淡的橄榄绿色，幼鸟羽色与雌鸟接近，但下体具深色纵纹。喜栖息于针叶林及针阔混交林中，园林内的针叶林中也可见到。喜食云杉、冷杉及落叶松的种子，飞行迅速而带起伏。在西北小面积地区为夏候鸟，在东北和西南部分地区为留鸟，在华北、华中地区为冬候鸟。

● 红交嘴雀（雄）

黄雀 Eurasian Siskin *Spinus spinus*

小型雀，体长约12 cm。羽色黄色浓重，雄鸟头顶及颏黑色，容易辨认，雌鸟颜色黯淡，具通体多深色纵纹。飞行时2道黄色翅带明显，腰部和外侧尾羽基部鲜黄色，十分醒目。繁殖期多栖息于山地针叶林，迁徙及越冬时栖息的林型多样，常在树顶活动。迁徙时结成大群，飞行快，且边飞边鸣。在东北北部地区繁殖，迁徙时经过东部大部分地区，多在南方越冬，食物丰富的年份，北方也会有一定数量的越冬群体。

鹀科 Emberizidae

凤头鹀 Crested Bunting *Melophus lathami*

　　体型较大的鹀类，体长约 17 cm。颜色较深，雌雄鸟都具显著的羽冠，大部分黑色。雄鸟双翅、臀部及尾羽栗红色，腰、尾上覆羽及尾尖黑色。雌鸟棕色，喉部较浅，胸部颜色最深且具黑色纵纹，栗色双翼及羽缘，尾部深棕色。栖息于丘陵开阔地面及矮草地。活动区域均多在地面，活泼易见。冬季于稻田取食。分布于华中、华南以及西南地区。

● 白头鹀（雌）

白头鹀 Pine Bunting
Emberiza leucocephalos

　　体型较大的鹀类，体长约17 cm。繁殖期雄性顶冠纹和耳羽白色，眉纹、颏部和喉部以及头侧均栗色。枕部灰色，项背棕色且具黑色条纹，下背部、腰部以及尾上覆羽棕色，尾羽深棕色而羽缘白色。下体棕色，具狭条状的灰白领部和颈部而将栗色的喉部和棕色的胸部分开。腹部和肛部白色。常出现在开阔的混交林、林缘以及具有乔木的农耕地。分布于西部、中北部地区以及台湾。

● 白头鹀（雄）

灰眉岩鹀 Godlewski's Bunting
Emberiza godlewskii

体型较大的鹀类,体长约17 cm。雄鸟灰蓝色的头胸和棕红色的身体对比明显。侧冠纹、过眼纹栗红色,颊纹深褐色,整体少纵纹。雌鸟似雄鸟,羽色较黯淡。栖息于多岩石的山地林区、林缘和灌丛生境活动。低地农田中也可见到。分布于东北南部、华北、华中、西南及西北小面积地区,为留鸟。

三道眉草鹀 Meadow Bunting
Emberiza cioides

体型较大的鹀类,体长约16 cm。雄鸟脸部具独特的图案,浅色的喉部和栗红色的胸腹对比明显,容易辨认。过眼纹黑色。雌鸟羽色图案大致与雄鸟相同,只是较暗淡,颜色对比不似雄鸟那样鲜明。喜栖息于山区多岩石的灌丛生境及林缘地区,冬季下至较低处活动。在东北、华北、华中、华东及西北部分地区都有分布,为留鸟。

白眉鹀 Tristram's Bunting
Emberiza tristrami

体型中等的鹀类，体长约 15 cm。头具显著条纹。雄鸟的头部和颏部黑色，具灰白色冠纹、眉纹及颊部，在其耳羽后具白色斑块。项背灰棕色且带有黑色条纹，下背部、腰部及尾羽由皮黄色渐变为栗色。下体白色，且在胸部和两翼具大片带有深色条纹的暗皮黄色。出现于混有泰加林的有林区域，特别是在冷杉林下，较羞涩和紧张。常结成小群。除宁夏、新疆、西藏、青海和海南外，分布于全国各地。

栗耳鹀 Chestnut-eared Bunting
Emberiza fucata

体型略大的鹀类，体长约 16 cm。栗色耳羽和双重胸纹为其主要识别特征。雄鸟具灰色的羽冠和枕部，具对比较强的黑色髭纹、白色的颊部、颏部及喉部，黑色的喉侧纹延伸形成黑色的项纹。常栖息于有灌木的开阔草地生境，包括各等级草甸和湿地的边缘，冬季活动于开阔的农耕地点。除新疆、青海外，分布于全国各地。

小鹀 Little Bunting *Emberiza pusilla*

体型小，体长约 13 cm。周身褐色且具深色纵纹，形似麻雀但个体明显小得多。具浅色眉纹和栗红色的脸颊，耳后栗红色，腹部中央白色。栖息生境多样，荒地灌丛、林缘、农田、低山丘陵都有分布。常集小群活动，也多与其他鹀类或鹨类混群。国内在东北北部繁殖，迁徙季节几乎全国各地可见，冬季在东北南部以南广大地区都有越冬。

黄眉鹀 Yellow-browed Bunting *Emberiza chrysophrys*

　　体型略小的鹀，体长约 15 cm。头部具条纹。眉纹前黄色后白色，下体白色纵纹多，翼斑白色，腰更斑驳，尾色较重。活动于林缘及灌丛。分布于除新疆、青海、西南以外的地区。

田鹀 Rustic Bunting *Emberiza rustica*

体型略小的鹀类，体长约 14.5 cm。繁殖期雄鸟头部黑色，具竖立的羽冠，白色的侧冠纹从眼上一直到枕部，白色的颊部和喉部具黑色的喉侧纹。上体颈背栗色，背部棕色且具黑色条纹。下体白色，在上胸部具栗色带，胸侧具栗色条纹。冬季雄鸟通常头部部位黑色，但在其棕色耳羽周围仍具黑色羽缘。雌鸟与冬季雄鸟相似，耳羽不为深色。夏季常栖于泰加林和林缘生境，河流灌丛以及沼泽林带。冬季见于干燥的低地林地、灌丛、农耕地边缘。分布于东部、北部地区。

黄喉鹀 Yellow-throated Bunting *Emberiza elegans*

体型较大的鹀类，体长约 16 cm。雄鸟具黑色的冠羽、过眼纹和胸带，与黄色的眉纹、后枕及喉部对比鲜明，特征明显。雌鸟与雄鸟大致相同，只是相对应雄鸟头部黑色区域为褐色，且没有明显胸带。栖息于低山的落叶林及针阔混交林中，冬季在林地、农田周围及灌丛生境中都有分布。常结成小群在地面取食植物种子。在东北为夏候鸟，中部及西南地区为留鸟，华北、华东地区为旅鸟，东南沿海地区为冬候鸟。

灰头鹀 Black-faced Bunting
Emberiza spodocephala

体型小，体长约 15 cm。整体色调较冷。雄鸟头部灰绿色，雌鸟头和背部颜色基本一致，多为灰褐色。无论雌雄，下体都具微微偏青的淡黄色，雄鸟在两胁具纵纹，雌鸟则纵纹较多，有的亚种下体偏灰白色。栖息于低山的林缘、灌丛、农田及苇塘生境，在地面取食。活动时常不断地弹尾而显露出外侧尾羽的白色羽缘。在东北、华中及西南部分地区繁殖，迁徙时经过东部大部分地区，在南方地区为冬候鸟。

苇鹀 Pallas's Bunting *Emberiza pallasi*

体型较小，体长约 14 cm。尾显得较长，整个身躯看上去较为苗条。繁殖期雄鸟头部特征明显，加上蓝灰色的小覆羽便可判断此种。雌鸟和非繁殖期的雄鸟相似，整体浅灰褐色，翅上的小覆羽仍为蓝灰色。栖息于丘陵山地的稀疏林地、灌丛、苇塘沼泽等生境，迁徙时常结成大群栖息于农田、苇塘生境。在东北部部分地区有繁殖，迁徙时见于东北、华北及西北地区，在东部沿海地区为冬候鸟。

红颈苇鹀 Ochre-rumped Bunting *Emberiza yessoensis*

体型略小的鹀类，体长约 15 cm。繁殖期雄鸟头部具光泽的黑色，并延伸到枕部、颈侧。下体、双翼、胸侧、腹侧均为暖皮黄色。小覆羽呈蓝灰色。冬季雄鸟头部仍具黑色残留，具棕橘色眉纹。雌鸟和冬季雄鸟类似，但具明显的皮黄色颊部以及与灰白色的喉部形成对比的细长喉侧纹。常出现在沼泽、具灌丛和芦苇地的湿地边缘以及有高草的草甸；冬季也出现在附近有水体区域，特别是海岸湿地的开阔农耕地。繁殖于东北沼泽地带，越冬于江苏、福建沿海，迁徙于辽宁、河北及山东。

编委会

主　编：
郭冬生

编著者（排名不分先后）：
刘　阳　乔轶伦　张　瑜　郭冬生　张谦益

摄　影（排名不分先后）：
王　翀　马　强　刘　阳　乔轶伦　吴秀山　郑永强　张　瑜
郭冬生　舒晓楠　冯利民　文　辉　张巍巍　钱　方　雷维蟠
倪一农　娄方洲　王　宁　屠彦博　钱　程　吴哲浩　董　鹏
金　莹　朱冰润　劳浚晖　何文博　张国铭　关雪燕　张谦益
魏民乐　张继达　顾亦晗　阙品甲　薛嘉祈　叶先枫　杜新强
刘子侨　韩　冬　李朝红　蔡振波　王晓刚　张　耳

插　图：
张　瑜　张圆满